全国测绘地理信息职业教育教学指导委员会
测绘地理信息高等职业教育"十四五"规划教材

测绘项目管理与法规

Project Management and Regulations of Surveying and Mapping

李天和 主编
赵文亮 主审

测绘出版社
·北京·

内容简介

本书为全国测绘地理信息职业教育教学指导委员会“十四五”规划教材，为了满足高水平学校和高水平测绘地理信息高素质技术技能专业人才培养需求编写。本书注重高等职业教育的特点,结合生产实际,力求做到简明扼要、深入浅出。全书共十二个项目,主要介绍测绘项目的计划、合同管理、项目技术设计、组织实施管理和测绘法律法规基本知识。

本书主要供高职院校测绘地理信息类及相关专业教学使用,也可供测绘地理信息行业生产及管理人员参考使用。

图书在版编目(CIP)数据

测绘项目管理与法规 / 李天和主编. -- 北京 : 测绘出版社, 2021.11 (2024.11 重印)

全国测绘地理信息职业教育教学指导委员会测绘地理信息高等职业教育“十四五”规划教材

ISBN 978-7-5030-4358-1

Ⅰ. ①测… Ⅱ. ①李… Ⅲ. ①工程测量－工程管理－高等职业教育－教材②工程测量－测绘法令－中国－高等职业教育－教材 Ⅳ. ①TB22②D922.17

中国版本图书馆 CIP 数据核字(2021)第 135567 号

责任编辑 雷秀丽 **执行编辑** 安 扬 **封面设计** 李 伟 **责任印制** 陈姝颖

出版发行	测绘出版社	**电　　话**	010－68580735(发行部)
地　　址	北京市西城区三里河路 50 号		010－68531363(编辑部)
邮政编码	100045	**网　　址**	https://chs.sinomaps.com
电子信箱	smp@sinomaps.com	**经　　销**	新华书店
成品规格	184mm×260mm	**印　　刷**	建工社(河北)印刷有限公司
印　　张	11	**字　　数**	268 千字
版　　次	2021 年 11 月第 1 版	**印　　次**	2024 年 11 月第 3 次印刷
印　　数	4001－7000	**定　　价**	36.00 元

书　　号 ISBN 978-7-5030-4358-1
本书如有印装质量问题,请与我社发行部联系调换。

前　言

本教材是在全国测绘地理信息职业教育教学指导委员会指导下编写的"十四五"规划教材，以全国测绘地理信息职业教育教学指导委员会制定的测绘地理信息高等职业教育"十四五"规划教材编写、审查和出版流程等规定为指南，在广泛调研的基础上，本着课程内容与行业规范相对接、教学过程与生产过程相对接的编写指导思想，注重高等职业教育的特色，将理论教学和实践教学融为一体，突出教学内容的针对性和实用性，教材内容力求做到简明扼要、深入浅出、贴近生产现场，力争编写出一本符合高等职业教育改革的具有高等职业教育特色的教材。

本教材内容分为十二个项目，每个项目都包含教学的主要内容和知识、技能目标提示，并将知识能力和技能训练融入各项目中，这样既便于教师组织教学又便于学生自学。

本教材由重庆工程职业技术学院李天和教授任主编，长江空间信息技术工程有限公司吴尚科、重庆市勘测院杨本廷、江西应用技术职业学院何希纯、重庆工程职业技术学院柏雯娟任副主编。具体编写分工是：项目一测绘项目管理概述、项目二测绘项目的决策与计划由李天和编写，项目三测绘项目合同管理、项目十一测绘基准与测绘系统由吴尚科编写，项目四测绘项目生产管理、项目五测绘项目组织实施、项目六测绘成果质量检查验收由杨本廷编写，项目九测绘法律法规的基本知识、项目十测绘资质资格由何希纯编写，项目七不动产测绘和其他测绘管理、项目八测绘成果管理、项目十二基础测绘由柏雯娟编写。全书由李天和进行统稿、定稿。

昆明冶金高等专科学校的赵文亮教授任本教材主审，对全书进行认真细致的审阅，并提出了宝贵的意见和建议。

在本教材的编写过程中，编者参阅了大量的文献和资料，参考了一些相关著作、教材和法律法规，借鉴了相关作者的研究成果，引用了同类书刊的部分资料。在此，谨向有关作者表示衷心的感谢！

编者在本教材的编写过程中做了很多努力，经过多次审校，但由于水平有限，书中仍不免存在错漏之处，恳请广大读者批评指正。

目　录

项目一　测绘项目管理概述

［概述］

在许多国家，如中国、美国、澳大利亚等，项目管理已成为大学热门的专业之一。在同样的人员、材料、设备、技术和资金等生产要素下，通过先进的管理，可以产生出更大的效益。本项目从项目管理的基本概念入手，简单介绍了项目、项目管理、项目经理的定义、基本特性、职责和权力，重点阐述了测绘项目管理的主体和客体、测绘项目管理的内容和方法，以及测绘项目管理的特点。

［学习目标］

①了解项目、项目管理的内涵和特性，项目经理的职责和权力；②掌握测绘项目管理的主体和客体、测绘项目管理的内容和方法。

子项目1　项目管理基本概念

为顺利运行项目，推行项目管理，首先需要建立项目意识。为了更好地学习项目管理方法，有必要先掌握项目管理中的一些基本概念，如项目、项目管理、项目经理等。这些概念是项目管理方法的基石。

1.1.1　项　目

1. 项目的定义

项目是为创造独特的产品、服务或成果而进行的临时性工作。这个定义既能反映项目的本质，又能把各行各业、各种规模的项目都包括在内。这个定义包含以下三个基本要素：项目的临时性、独特性和目标性。

1）项目的临时性

项目是具有明确的开始时间与结束时间的工作。做项目，就是要在规定的时间内完成相应的工作，而不是持续不断地把工作进行下去。项目的临时性与工期的长短毫无关系。一个只进行一天的项目是临时的，一个要进行十年的项目也是临时的，也就是说，只要有明确的开始时间与结束时间，无论中间的持续时间有多么长或多么短，都是临时的。

2）项目的独特性

每一个项目都是独一无二的，都要创造出独特的结果，而不是在标准化的生产线上或根据标准化的服务流程产出与过去相同的结果。尽管各项目之间会存在一些相似或重复的元素，但这些元素并不能改变项目的独特性本质。在项目管理学科中，特别强调项目的独特性。因为独特性是项目的风险所在，是最容易出问题的地方，因此必须特别加以注意。对一个项目与以前的项目相似的方面，人们已经积累一定的经验，处理起来相对可以“循规蹈矩”，风险较低。抓住了项目的独特性，就能够成功地创造出独特的结果。

3）项目的目标性

每一个项目都有明确的目标，即创造出所要求的产品、服务或成果。项目的产品、服务或成果,可统称为“可交付成果”。可交付成果是在项目过程中或阶段结束时必须提交出来的、可验证的中间或最终结果。有些项目旨在创造出有形的产品,如新产品研发项目、房屋建设项目;有些项目旨在创造出无形的服务能力,如航空公司的新航线开辟项目、银行的新服务职能开设项目;还有些项目所创造出来的结果既不是有形的产品,也不是无形的服务能力,而是其他的成果,如科研项目所开发出来的知识。在实际工作中,一个项目所创造的结果往往同时包括产品、服务能力和其他成果。

4)项目的渐进明细性

项目具有渐进明细性,即随着情况的逐渐明了,对项目目标和计划逐渐进行细化。所以,仍然可以说,渐进明细性是项目的重要特性之一。通过渐进明细,项目的可操作性会大大提高,成功的可能性也会大大提高。项目的许多方面都需要渐进明细,例如:

(1)项目的目标。要逐渐把最初的大目标细化成便于实现的、具体的小目标。

(2)项目的计划。要逐渐把控制性计划细化成详细的操作性计划。

(3)项目的功能。要逐渐把大的功能要求细化成小的功能要求。

把项目的临时性、独特性、目标性和渐进明细性综合起来,可以得到如下的定义:项目是为创造独特的产品、服务或成果而进行的,需要渐进明细的临时性工作。

2. 项目的基本特性

项目的基本特性如下:

(1)有明确的目标。每个项目都有在一定限制条件下的目标,即要完成什么样的项目产品、服务或其他成果。

(2)有明确的开始和结束时间。做项目,就是要在规定的时间内完成它,而不是无限期地做下去。

(3)需要消耗一定的人财物资源。每个项目在实施过程中都要消耗一定的资源。

(4)独特的一次性工作。每个项目都是独一无二的,没有完全相同的两个项目。

(5)需要用渐进明细的方法来完成。往往不可能一开始就明确项目工作的全部细节,而需要随着时间的推移、项目的进展对项目工作逐渐进行细化。

(6)改变现状。把不能令人满意的状况改变为比较令人满意的状况。

在项目的上述基本特性中,有明确的开始和结束时间、独特的一次性工作、需要用渐进明细的方法来完成,是项目与日常工商管理的本质区别。

1.1.2 项目管理

自项目管理诞生之日起,就用三重约束来表示项目要求。传统的三重约束是项目的进度(时间)、成本和质量目标。尽管现在仍沿用三重约束这个词,但现代的三重约束不同于过去的三重约束。现代的三重约束是范围、时间和成本,而质量管理也是项目管理的工作之一。范围是指为完成项目而必须要做的工作,用来确定项目的边界,要求做且只做边界之内的工作。

在现代三重约束中,范围相当于牛鼻子。如果不做范围管理,那么进度、成本和质量管理肯定会事倍功半。一方面,进度、成本和质量方面的许多问题,其实都是范围问题引起的;另一方面,范围的变化肯定会引起进度、成本或(和)质量的变化。例如,成本超支很可能是因为范围没有得到应有的控制。项目范围是龙头,只有做好范围管理,进度、成本和质量管理才有意义。

从微观上讲,项目管理就是要在规定的范围、时间、成本和质量要求下完成项目可交付成果。这四个维度,可以进一步归纳为效率和效果。时间和成本这两个维度,关心的是以多大的代价做事、正确地做事，也就是效率；而范围和质量这两个维度，关心的是项目产品（成果）的功能、做正确的事，也就是效果。高效率是指做事的代价小。好效果是指所做出的结果有用。质量不合格的项目产品固然无法发挥既定的功能，范围做得不到位的项目产品也无法完全实现规定的功能。例如，大桥建设项目，设计的功能是中间供汽车通行，两边供人行走。大桥刚建成，就成危桥（质量不合格），自然发挥不了这两项功能；如果大桥两边省略了栏杆（防护没做到位），那也没有人敢走两边的人行道。

虽然从长远讲，效果比效率重要，但是现代管理追求效率和效果。如果效率高，也许就能用同样的时间和成本取得两种甚至更多的效果。中国传统文化对效果的要求远大于对效率的要求。愚公移山、铁棒磨成针、悬梁刺股等故事，尽管有强调勤奋、坚毅的积极含义，但无形中也有做事不讲方法、不讲效率的消极因素。

从宏观上讲，项目管理就是要满足项目干系人（参与该项目工作的个体和组织，或由于项目的实施与项目的成功，其利益直接或间接受到正面或负面影响的个人和组织）对项目的目标追求，使其满意。当然，做项目的过程充满风险，所以必须考虑风险。因此，广义上的三重约束还包括"干系人满意"和"风险"这两个因素。

现代的项目三重约束可以表达为包括范围、时间、成本、质量、风险和干系人满意在内的一个体系。项目管理就是由独特的管理哲学、一整套的工作理念及一系列的工具和技术所组成的有机整体及其应用，确保在规定的范围、时间、成本和质量等限制条件下创造出独特的可交付成果，以满足各项目干系人对项目的利益追求。

1.1.3　项目经理

1. 项目经理的概念及其职责

项目经理是由执行组织委派的领导团队实现项目目标的个人。项目经理在项目管理中无疑起核心的作用。他要把高级管理层的意图转变为可执行的方案，并传递给项目团队成员；还要通过团队成员的努力把项目成果实实在在做出来，并提交给高级管理层。项目经理在高级管理层和项目团队成员之间起承上启下的作用。正如前面提到的，项目管理就是要在规定的范围、时间、成本和质量要求下完成任务。因此，项目管理要求有强大的执行力。从执行力上讲，项目经理就是执行力的总代表。

项目经理是项目的关键责任点。万一项目失败，项目经理须承担重大责任。项目经理必须对在规定的范围、时间、成本和质量要求下完成项目任务负完全、最终的责任。如果项目经理觉得项目的要求不合理，可以在接受任务前，运用自己的专业能力，与高级管理层讨论，并将项目要求修订完善；但是，一旦接受了具有既定要求的任务，就必须按照既定要求完成。项目管理特别强调唯一责任点。不仅整个项目有唯一责任点，项目中的每项工作都必须有唯一责任点。虽然一项工作可以由许多人一起来做，但只能由某个人对该工作的成败承担最终责任。这种最终责任绝对不能由两个或更多的人来共同承担。项目管理的唯一责任点要求对各种工作都有很好的指导作用。最终责任点不明确，往往是许多工作不能有效完成的症结所在，自然也是企业执行力不足的症结所在。从最终责任来讲，绝对不能集体做事、集体负责，而必须是集体做事、个人负责。

2. 项目经理的责任与权力

项目经理的责任，总的来说，就是在规定的范围、时间、成本和质量等约束条件下完成项目可交付成果。项目经理是项目团队对外的唯一责任点。项目经理的具体职责取决于项目经理与项目执行组织所签订的服务合同。一般来说,项目经理的职责应该包括:

(1)参与项目启动,为高级管理层提供关于启动项目的专业协助。

(2)组建和管理项目团队。

(3)领导项目计划编制工作。

(4)指导项目按计划执行。

(5)按照项目计划,监督项目执行情况。

(6)预测和控制项目风险。

(7)与项目干系人保持密切沟通,做好干系人管理。

(8)组织项目收尾工作,把项目产品、服务或成果移交给客户。

(9)收集项目资料,开展项目后评价,更新组织过程资产。

(10)释放项目剩余财物资源,解散项目团队。

要承担完成项目可交付成果的责任,项目经理自然就需要相应的权力。但是项目经理经常不得不面对正式权力不足的挑战,而且即使正式权力不足,项目经理也必须完成项目可交付成果。正式权力是指上级对下级的指挥、命令和控制权力,来自管理者职位的正式权力也称为职位权力或合法权力。

要在没有足够正式权力的情况下完成项目可交付成果,项目经理自然需要其他权力的补充。所以,权力不局限于正式的职位权力,还有多种其他权力。例如,作为技术或管理专家的权力,即专家权力;由于一个人优秀的个人人格魅力和沟通能力,别人愿意以他为参照物、愿意向他看齐、愿意以他为榜样,即参照权力;项目经理有权对项目工作发出指示、通知和要求,即项目权力。项目权力与正式权力有些类似,都来自项目经理的职位,但又有很大不同。正式权力是上级对下级的权力,而项目权力是针对那些没有上下级关系的个人或组织的权力,如业主单位的项目经理要求承包商做或不做某项工作。优秀的项目经理善于运用专家权力、参照权力和项目权力。

为了确保在规定的限制条件下完成项目可交付成果,项目经理必须有权力在必要时说“不”,即对不适当的项目变更说“不”! 高级管理层应该支持项目经理在必要时说“不”,如不适当的项目范围变更,甚至不断增加项目目标,就会使项目不能在规定的时间、成本和质量条件下完成。

由于没有足够的正式权力,项目权力对项目经理来说特别重要。项目权力通常会在项目执行组织与项目经理的服务合同及其他项目合同(如设计合同、施工承发包合同)中加以明确。项目执行组织应该注意不要干涉项目经理履行其项目权力。这是保证项目经理按其职业道德和专业要求,公正、合理地履行职责的基础,也是保证项目平稳、顺利进行的基础。

子项目2 测绘项目管理

1.2.1 测绘项目管理的主体和客体

1. 测绘项目管理主体

测绘项目管理主体,是指在测绘部门中拥有一定权限并实施管理行为的组织和人员。也就是说,测绘项目管理主体,是在测绘活动中对他人的工作进行计划、组织、指挥、协调和控制等，以期实现管理目标的组织和人员。

1)管理组织

测绘项目管理所依赖的通常不是单个管理者的知识和能力，而更多是依赖由管理者所组成的群体，即管理组织。测绘的各级管理组织与测绘的组织体制相对应，由测绘部门各级领导人员或领导机关组成。各级管理组织中，大多有一个领导核心，即领导班子。

2)管理人员

管理人员是在测绘部门中享有一定职权并实施管理行为的人，是组成管理组织的最小单元。

管理人员按管理层次高低，分为高层管理人员、中层管理人员和基层管理人员。各级管理人员在自身权限范围内从事管理工作。高层管理人员主要指在测绘项目管理中从事决策、引导协调工作的人员；中层管理人员主要指在测绘项目管理中从事计划、组织、沟通、治理等工作的人员，在决策、监督中也起一定作用；基层管理人员主要是指班组长，主要执行、贯彻上级指示，带领下属实现既定目标。

测绘项目管理主体在管理系统活动中处于主导和支配地位，是测绘项目管理活动的组织者、指挥者和实施者。测绘项目管理机制的建立与调整、管理决策的制定、管理计划的实施、管理活动的开展，都要依靠各级管理主体的能动作用。测绘项目管理主体在其管理活动中担任着至关重要的角色。当然，在管理活动中，管理者必然要受到内外环境的制约，从而影响其作用的发挥。因此，在一定的管理环境条件下，管理效果的好坏，管理目标能否顺利实现，在很大程度上取决于管理主体的素质与行为。

2. 测绘项目管理客体

测绘项目管理客体就是测绘的管理对象，是管理主体行为的承受者。在测绘项目管理活动中，管理主体的主导作用必须表现在对管理客体的正确认识和作用上。正确了解管理客体及其特性，是管理主体发挥主观能动作用的前提。

1)客体类型

测绘项目管理客体主要指人、物、财。

人是第一类客体，是管理客体诸要素中的核心要素。人与其他要素相比，最活跃、最积极、最具有能动性和影响力。

物是测绘项目管理的第二类客体，主要指测绘仪器装备、车辆、设施及其他物资。测绘项目管理的一项重要职能就是物的管理。

财是测绘项目管理的第三类客体，是资金或物质资料的价值表现。在许多情况下，特别是在市场经济条件下，财是测绘项目管理活动的一项先决条件。无论是内外业测量作业、训练，还是生活，都对资金有很大依赖。

用好物，管好财，对有效地实施管理具有非常重要的作用。

除上述管理客体的三种基本要素外，还需要把信息、时间、空间视为管理系统的重要资源。测绘项目管理者应当重视对信息、时间、空间的管理。

2)客体特性

测绘项目管理客体主要有以下特性：

(1)客观性。这是管理客体最根本的属性。客体独立于主体意识之外，有其自身的存在方式和活动规律。测绘部门都是由一定数量的作业技术人员、一定形式和数量的测绘仪器装备、一定规模的财力和物力组成的。这些都是客观存在的，不以管理主体意志而转移。

(2)复杂性。从客体组成可以看出，测绘部门是一个小社会，是由多要素组成的综合体。测绘成员来自各地区、各层次、各民族，仪器和物资装备涉及各方面，内容不一，性质各异，呈现出高度的复杂性。在综合体中，既有有形的，又有无形的；既有人，又有物；既有人与人的关系，又有人与物的关系，还有物与物的关系。这些要素在系统中呈现一定的部门性、网络性和纵横交叉性。

(3)系统性。测绘项目管理客体(人、物、财)各要素进入某一组织管理领域内，就由原来的独立存在变为构成该系统的有机组成部分，相互之间便会产生密切联系，并作为一个系统而客观存在、运动和变化。

(4)动态性。当今测绘领域，科学技术迅速发展，仪器装备日新月异，测绘保障体系不断变化。这些变化在不同程度上影响了测绘项目管理客体的性质和状态。同时，国家经济的发展和军事战略的调整，也会使测绘项目管理客体中的各要素发生变化。

管理者必须在客观现实的基础上，透过各种复杂的现象，系统、动态、正确地认识客体，以保证管理系统的正常运行。

3)客体作用

在测绘项目管理活动中，管理主体起着主导作用，管理客体也具有不容忽视的重要作用。

测绘项目管理客体对管理目标有重要的作用。测绘项目管理的目标是提高测绘的保障能力，而单靠管理主体是无法完成这一目标的。管理客体的要素，也是构成测绘作业能力不可缺少的要素，只有通过管理主体与管理客体的有机结合，充分发挥管理客体诸多要素的综合效益，才能保证测绘保障能力不断提高。

另一方面，管理客体对于管理主体作用的发挥具有重要影响。管理客体不仅是管理主体作用的对象，也是管理主体施展才干的舞台和发挥才能的平台，把握好管理客体的选用和补充，对于管理主体实施下一步管理行为意义重大，构成测绘项目管理客体的人员素质越高、物质越丰富、测绘仪器装备越先进、财力越雄厚，越有利于管理主体实现管理目标。

3. 主、客体相对性

在测绘项目管理活动中，管理主体与管理客体相互依存，但都具有相对性。

一方面，管理者在特定条件下也是被管理者。任何一级组织或领导，在本系统、本单位内是管理者，是管理主体，但相对于上级机关和领导而言，又是被管理者，是管理客体。这就意味着管理者在实施对下级组织和人员管理的同时，要接受上级组织和人员的领导及监督。

另一方面，被管理者在特定条件下也是管理主体。在测绘项目管理中，广泛实行民主集中制的原则，把集中管理与被管理者参加管理科学地结合起来，使被管理者与管理者在精神上处于平等的地位。在测绘部门中，广大作业人员参与管理主要表现为：对本单位的管理活动提出合理化建议，施加一定影响；通过职工代表大会或职工代表直接参加管理工作，成为管理主体。也就是说，被管理者既是管理客体，也是管理主体。

另外，管理者的管理权力对下级而言，也不是绝对的。在管理活动中，管理者的有效管理是以被管理者的拥护、支持为条件的，而被管理者对管理者的拥护、支持是以管理者的正确管理为前提的。管理者在管理活动中应当接受下级的批评与监督。被管理者对本单位的工作依法依规进行监督，包括对管理者进行监督，从而成为管理主体。

1.2.2　测绘项目管理的内容和方法

1. 测绘项目管理的内容

测绘项目管理从广义上可分为国家对测绘工作的管理和测绘生产企业对测绘工作的管理，前者称为测绘行业管理，后者称为测绘项目管理。

1)测绘行业管理

测绘工作是经济建设、国防建设、社会发展的基础性工作，国家为了对测绘工作进行管理制定了一系列的法律法规。

测绘行业管理的主要工作有测绘资质资格管理、测绘成果管理、测量标志保护管理、基础测绘项目管理、地图编制管理等。

2)测绘项目管理

测绘生产企业对测绘项目工作前期的决策、计划，中期的组织实施、合同管理、质量控制、安全生产，以及后期的成果验收所进行的一系列管理工作称为测绘项目管理。

(1)项目策划。根据用户的要求，制定测绘项目的产品内容；根据测绘项目的内容、工期、技术、质量、安全生产等要求，分析判断需要投入的人员、设备等资源。

(2)合同管理。对测绘项目实施过程中所涉及的经济、技术合同的签订、履行、变更、争议、终止的全过程进行的管理工作。

(3)项目技术设计。按照测绘项目要求，根据《测绘技术设计规定》及有关的技术规范、技术标准，制定项目设计书，提出各项精度指标。

(4)项目组织安排。按照测绘项目的专业类别、性质、难度，以及有关人员的技术背景和工作安排等，根据项目实施流程，确定参加项目的各个工序技术和质量控制人员。

(5)项目实施与质量控制。依据测绘项目要求，对各个专业技术设计书的执行进行指导和监督，选择测量方案，确定测量手段，督促检定测绘仪器，明确质量检查方法。

(6)项目测绘技术总结。根据《测绘技术总结编写规定》及有关的技术规范、技术标准，撰写技术总结，内容包括工期、成果精度指标、需要说明的问题等；对技术问题的处理进行分析、评估、认定，明确结论。

(7)项目产品成果整理。根据测绘项目的性质、周期及有关法规，进行地理信息数据安全风险评估，确定必要的数据备份、异地存放等防护措施，必要时制定信息安全预案。

(8)项目检查验收。按照《测绘产品检查验收规定》和《测绘生产质量管理规定》的要求，实行两级检查一级验收，经质量检验部门检验合格后，按照合同约定提交完整的测绘成果。

2. 测绘项目管理方法

测绘产品质量取决于项目管理过程中的过程监控。质量工作的目标是建立起适应市场经济要求的质量监督机制，对测绘产品质量实施有效的监督管理，加强质量控制，确保测绘产品质量。

1)完善质量监督管理规章制度，做到依法规范管理

国家颁发了《测绘地理信息质量管理办法》和《测绘成果质量监督抽查管理办法》，以及一些相应的检验实施细则，建立了相对完整的质量监督管理法规体系。但由于着重点不同，有些文件可操作性、针对性不强；另外，制定的检验实施细则尚不齐全，在实际执行过程中存在一定困难。为使制定的法规、部门规章和规范性文件更加切合实际情况，需要在法规的基础上完善

质量监督管理规章制度，制定适合测绘单位的质量监督细则，使测绘质量监督管理更加科学、更加合理。

2）建立质量监督机制，加强监督力度

测绘项目管理是一种行业管理，测绘队伍分布于国民经济建设各个部门，虽各有特点和差别，但共性是为国民经济建设提供各种基础测绘地理信息。为确保质量，测绘行业应建立相应的激励机制、监督机制和制约机制，实行综合质量管理。对国家指令性基础测绘项目实行项目管理，建立质量保证金制度，根据验收结果结算经费。质量保证金制度是市场经济条件下用经济手段监控产品质量比较有效的管理办法。加强行业产品质量监督抽检力度，完善质量监督抽检程序。对质量特别低劣的单位，责令停业整顿，取消部分业务范围，直至吊销资格证书；对有关质量违法行为提请有关部门依法惩处。

3）建立测绘项目监理制度，加强生产过程质量控制监督

测绘项目监理的科学性、公正性、独立性、服务性等性质，能够很好地为业主提供项目管理服务、规范工程相关方的生产行为，以保障工程质量。同时，测绘过程监理通过对生产过程的监督，提出工作质量记录、质量报告，作为测绘项目成果验收质量评定的客观依据，也可作为测绘项目合同执行状况的客观证据。测绘项目监理工作应结合本行业的技术特点，逐步形成自己完善的工作体系。以政府的有效管理，规范监理企业和人员的行为，建立、完善测绘监理工程师职业资格和注册管理相关制度，保障监理工作的质量和服务水平。

测绘项目管理是测绘单位工作的一条主线，测绘产品质量控制是测绘产品合格的保障工程，它需要思想保证体系、技术保证体系及质量监督体系来进行支撑。要提高项目管理的质量和效率，应建立配套规章制度，加强产品质量控制，规范作业程序，不断提高技术人员的业务水平，使测绘项目管理更好地为测绘单位的经济发展服务。

3. 测绘项目管理特点

测绘项目管理是人类社会不同领域管理活动中的一种特殊管理活动。

测绘项目管理除具有一般管理的目的性、组织计划性、活动协调性和创造性等特点以外，还具有很强的强制性、综合性等特点，这些特点是由测绘环境决定的。测绘项目管理具有以下一些特点。

1）测绘项目管理以法规为依据

测绘项目管理法规是调整测绘活动中各种关系的行为规则，是测绘项目管理的基本依据。测绘组织与社会企业或其他组织相比，组织结构更严谨、复杂，行为更强调统一和规范，对成员的约束更直接、全面。因此，测绘项目管理必须严格要求，依法管理。通过依法管理、严格要求，实现测绘部门内外相互间的有效协调配合；形成人与测绘装备的最佳结合、高效灵敏的指挥和严密准确的协同。在市场经济的大环境下，经济成分、经济利益、社会生活和就业形式与岗位等方面的多样化，会对测绘部门管理者和被管理者的思想观念、价值取向、行为方式产生影响。因此，在这种社会条件下，既要利用市场经济带来的新思想、新技术和有利的物质条件，加强测绘建设，又要通过加强依法管理、严格要求，克服市场经济可能带来的负面影响，维护正常秩序。

各种颁布执行的测绘项目管理方面的规定，已形成门类齐全、层次分明、内容和谐的有机统一体系。不同层次的规定具有的效力和作用范围不同。

测绘相关的法律主要是由全国人民代表大会常务委员会颁布的《中华人民共和国测绘法》

(简称"《测绘法》")。在测绘项目管理活动中,除执行国务院和有关部门颁布的测绘法规、部门规章外,还应遵循共同性管理的法规和有关门类法规。测绘标准化建设是测绘现代化建设中的一项基础技术工作。测绘标准是测绘的技术法规,制定和执行测绘标准,对促进测绘科学的进步,保证测绘成果的质量,提高生产作业的效率,实现测绘项目管理的目标,具有重要的意义。

2)测绘项目管理以人为核心

测绘项目管理尽管是由人、财、物、信息等多因素构成的复杂、动态系统,但主要是人的活动和作用。在测绘项目管理中,应承认广大测绘人员的主体性,坚持以人为核心的思想,做到尊重人、关心人、激励人、教育人、培养人,通过不断满足测绘人员的合理需要,发挥人在管理中的主体性、能动性和创造性,充分利用人力资源,确保管理的最大效益。

在测绘系统中,"以人为本"的管理应以广大作业人员为基础,以各级领导为主导。作业技术人员是测绘部门的主体,是组织成分的基本要素,是完成任务的主力军,处于基础的位置。因此,调动和发挥这些人的聪明才智、积极性和主动性,直接关系到测绘项目管理的效果和管理目标的完成。测绘系统中的各级领导,是构成组织主体的一部分,是主要管理者和主导者,是决策、组织、指挥、控制和协调者。因此,管理能否有权威、有效率、有战斗力,关键取决于各级领导干部主导作用的发挥。

3)科技推动是新时期测绘项目管理发展的根本动力

测绘工作是技术性很强的保障工作。科学技术推动社会生产力的提高、经济的发展,进而影响测绘体制的完善、测绘技术方法的发展和测绘项目管理方式的进步。

科学技术的发展是测绘技术装备的推动力,技术的进步必然导致测绘技术装备的更新。计算机技术、航天技术、无人机技术等高新技术的发展,使测绘从传统的仪器设备与模拟技术时代进入数字化生产与信息化管理的新时代。随着智能化测绘仪器装备的使用和数字化系列测绘产品的生产,测绘行业必然要进行相应的调整与改变。

大量高新技术装备编入测绘部门,各专业、各部门之间的联系与互动越来越紧密,管理范围越来越广泛,需要在测绘部门运用科学技术方法,研究建立一种单向垂直管理、双向相互管理、横向交叉管理、环境辅助管理兼容的管理模式。这就是"科学兴管(理)"的内容。

管理出效益,项目管理也出效益。在同样的人员、材料、设备、技术和资金等生产要素下,先进的管理可以产生出更大的效益。这就是管理的作用。

练习与思考题

1. 什么是项目、项目管理、项目经理?
2. 项目的基本特性是什么?
3. 项目经理的职责是什么?
4. 测绘项目管理的内容有哪些?
5. 测绘项目管理的方法有哪些?

项目二　测绘项目的决策与计划

［概述］

本项目简要介绍了测绘项目决策、计划的基本概念和知识，重点阐述了决策的程序、测绘项目计划的内涵、编制程序和要求。

［学习目标］

①了解测绘项目决策的含义和决策的程序；②了解测绘项目计划的基本知识；③掌握测绘项目计划编制的具体内容；④掌握测绘项目计划编制的原则和程序。

子项目1　测绘项目决策

测绘项目管理活动是从决策开始的。在测绘项目管理活动中，决策对于其他管理环节有着基础性、决定性的作用，并贯穿于管理的全过程。测绘管理的计划、组织、控制、协调等职能，都离不开决策。决策为测绘项目管理整体运作提供了基本方法，是测绘项目管理的关键环节。

2.1.1　决策的含义

决策，可以简单定义为，从两个以上备选方案中选择一个的过程；也可以具体定义为，组织或个人为了实现某种目标而对未来一定时期内有关活动的方向、内容和方式进行选择或调整的活动；或者定义为，管理者识别并解决问题及利用机会的过程；通常定义为，管理主体为解决管理活动中的某些问题或实现某项管理目标而制定与选择活动方案的行为过程。根据这些定义，对决策含义可以有以下理解。

1. 决策的主体是管理者

决策是管理主体的活动，管理者是决策的主体。一个决定是否称得上决策，要看其是否由管理者做出，是否对管理活动有指导意义。一般的决定没有这样的作用，称不上决策。

2. 决策的目的是解决问题或利用机会

决策要有明确的目标。没有目标，行动就没有方向，就不能利用机会。从某种意义上说，问题和目标的出现是决策的前提。决策过程始于存在的一个问题或目标，也可以说，始于现实与期望的差异。

3. 决策的本质是一个过程

决策是一个提出问题、分析问题和解决问题的过程，要经过调查、研究、分析、鉴别、选择等一系列环节。决策不是瞬间的想法，不经过一定的过程，不了解相关情况，靠一时的灵感，很难做出正确的决策。

4. 决策的核心是选优

决策要有两个或两个以上方案，通过分析比较，选出一个好的方案。选优是决策的必要行为，如果事情只有一种可能、一种可行方案，没有选择，也就没有必要决策。选择是决策最后的行为，方案实施过程不属于决策。

决策贯穿于整个管理过程。整个科学决策的过程是，调查研究组织的内外环境，进而确定组织目标，设计可实现该目标的各种可行方案，比较和评估这些方案，进行方案抉择，最后实施决策方案，并进行跟踪检查和控制，以保证预定目标的实现。

2.1.2　决策的程序

决策是一个过程，应当遵循一定的程序。决策的程序是指决策中每项工作的顺序和步骤，以及解决问题的范围和要求。决策程序具有规律性，是决策成功的必经之路。实践证明，成功的决策不一定都按固定的程序进行，但不按程序办事，常常是决策失败的重要原因。决策程序通常遵循以下五个阶段。

1. 提出问题

问题就是决策对象存在的矛盾。提出和确定决策的问题是决策的起点，一切决策都是从问题开始，问题的产生使决策成为必要和可能。

一般来说，决策问题可以分为两类：一类是现实已存在的事实或工作，其现状与应达到的水平尚有差距，需要采取措施解决；另一类是估计可能发生的问题。决策能够准确、及时地抓住问题，并提出可行的解决问题的措施和方法，就会取得好的效果。

提出问题，要弄清问题的性质、范围、程度，不能简单地主观臆断，要调查研究，全面收集有关信息资料，广泛听取意见，尽可能详细、全面地掌握问题。问题发现后，就要认真分析，找出产生差距的原因，最后确定亟须解决的问题。因此，决策中提出问题，应遵循情况明了的原则，坚持情况不明了不决策。

这一步骤也称为情报活动或识别机会、诊断问题阶段。

2. 确定目标

目标是组织要获得的结果。决策目标直接影响方案选择和方案实施，必须具体、明确、单一，并有明确的标准和主客观约束条件。也就是说，目标的表述应当单一，容易使人们把握其要点，不会产生歧义和误解；同时，目标还应有相应的指标、定额和时限，以便在方案设计和评价时参考，并作为将来实施决策过程中监督、控制的标准。

确定目标要遵循科学可行的原则。必须从实际出发，分析现有的主客观条件及其在发展过程中可能产生的变化，根据需要和可能，既要量力而行，也要尽力而为。

3. 拟订方案

决策目标确定后，就要研究实现目标的途径和方法，即拟订方案。

现代科学决策的一个重要特点是要在两个以上的方案中选择较好的方案。因此，拟订备选方案要拟订多种方案。在可能的条件下，所列方案整体应尽量详尽，既要有定性分析，又要有定量分析；既要讲利、讲必要性，又要讲弊、讲可行性。同一决策目标的各方案，在基本观点和基本内容方面，不仅不能相互重复和相互包容，而且还要相互排斥。这就是所谓的整体详尽性和相互排斥性。

决策的各个阶段，特别是在拟订方案阶段应遵循民主集中制的原则。

4. 评估择优

评估择优是方案评估、择优和评审的简称。评估择优是对所拟订的各种方案进行综合分析和评比估价。根据“令人满意”的准则选定实施方案。如果说拟订方案是决策的重要阶段，那么，评估择优就是决策的关键阶段。评估择优方案要坚持以下几方面的标准：方案是否最有利于达到既定目标;方案是否体现了最大利益;方案是否避开了最大风险;方案是否容易实施。

(1)方案评估。其内容主要包括:对各种方案进行分析比较,权衡利弊,分析经济效益、社会效益和社会心理效应;分析方案的限制因素、协调关系、潜在的问题。

(2)方案选优。选优是从多个方案中选择一个较优的方案,即所谓的拍板定案。决策者运用决断理论独立完成拍板定案的决策行动。如果说,前面的决策步骤是决策者组织领导有关专业人员共同工作的话,那么拍板定案主要是由决策者个人或决策班子确定的。

(3)方案评审。对选择的方案进行审查评价。在这一过程中,不但要对已选定的方案质量和可行性进一步审查和评价,进行必要的修改和补充,还要分析方案执行后可能产生的副作用和不良后果,并提出防范措施,同时改进设计方案。

5. 跟踪决策

跟踪决策是对决策目标和方案进行修改。在决策执行过程中,除了防范措施能够防止决策本身所产生的一些副作用外,还会避免出现这样或那样的问题。这些问题,有的是执行本身的问题,有的是决策本身的缺陷或不完善造成的。若属于后一种情况,决策则应进行修正。因此,决策者应通过不断收集执行中的反馈信息对实施方案进行修正和完善。

子项目 2　测绘项目计划

每个项目都是独一无二的。项目所固有的独特性决定了项目计划的重要性。对于独特的项目,不可能简单照搬以前的经验,必须为每一个项目制订一系列专门的计划,对"谁做什么""什么时候做""怎样做"及"为什么要做"等作出事先安排。项目计划就是项目工作的详细安排。

2.2.1　项目计划的基本知识

本子项目所讨论的项目计划是指关于项目目标的实体性计划,即项目范围计划、进度计划、成本计划和质量计划。这四个计划联系非常紧密。项目范围计划是关于项目必须完成什么可交付成果,成本计划是关于每个活动、每个可交付成果和整个项目究竟需要花多少钱,质量计划是关于每个活动、每个可交付成果和整个项目要达到什么技术要求。

1. 项目范围计划

项目范围,即项目的工作范围,是指项目团队为了提交出符合要求的项目产品、服务或成果而必须完成的全部工作。项目范围管理旨在确保做且只做需要的全部工作,既不少做又不多做。如果少做,就会影响项目产品、服务或成果功能的实现;如果多做,就会浪费资源,使一些资源失去做更有价值的事的机会。

产品范围决定项目范围,项目范围为产品范围服务。产品范围是指项目产品应该具备的功能。只有先弄清楚产品范围,才能弄清楚项目范围;只有把项目范围做到位,才能全面实现产品范围。例如,在项目一提到的大桥建设项目,为了使大桥具备车辆通行和行人通行的功能,需要在中间修车行道,在两边修人行道,并且在车行道与人行道之间及人行道外边修栏杆。如果把人行道外边的栏杆省略不做,那就意味着项目范围没有做到位,自然就会影响到人行道功能(产品范围)的实现。

项目范围是项目进度、成本和质量的基础。如果连要做哪些事情都不清楚,那所谓的在规定的时间、成本和质量要求下完成任务，就没有任何依据。确定项目范围是很重要的，也是相当困难的。对于测绘软件开发项目、科研项目等软项目，确定项目范围就更加困难。为了确定项目范围，项目经理需要组织团队成员对项目干系人的需求做详细调查，并编制项目范围计划。

2. 项目进度计划

确定项目范围后，就要编制项目进度计划。项目进度计划的编制，就是列出为完成项目而必须进行的所有活动，然后再分解活动之间的逻辑关系和各自需要的工期，制订出项目的进度计划。编制项目进度计划，是为了把可以同时进行的活动尽量同时进行，并找出关键路径上的活动，从而找出完成项目的最短时间。

3. 项目成本计划

开展任何一项活动，都需要使用一定的人力和物力资源，都需要花钱。在项目管理中，强调用合理的成本完成既定的工作，而不是用最小的成本。如果片面强调用最小的成本做事，就会损害项目范围、进度或质量目标，或者会损害相关干系人的利益，使干系人之间无法有效合作。

在项目实施前就需要对各项目活动及整个项目的成本进行分析和估算，进而编制出完成项目所必需的成本的预算。成本预算，就是项目成本计划的最终表现形式。做预算，是为了建立一个基准线，以便在项目实施过程中跟踪项目的成本支出情况，确保项目在批准的预算内完成。编制成本预算，既要按项目的分项工作来编制，估计每个组成部分需要多少钱，又要按项目的时间段来编制，估计每个阶段（周、月、季或年）需要多少钱，当然还要得到整个项目的总预算。

4. 项目质量计划

1）项目质量的概念

与进度和成本这两个概念不同，质量的测量更加困难。进度通常用时间来测量，成本通常用金钱来测量，而质量最终是要用“人心”来测量的。尽管也有客观的质量标准，但是质量是否合格，最终还是由客户说了算。也就是说，客观的质量标准只是用来测量质量的最初标准，而不是最终标准。两个不同的客户对同一件产品的质量可能有完全不同的评价，一个认为合格，另一个认为不合格。从这个观点来说，产品质量的测量完全在客户的心中。正如国际标准化组织（ISO）所说，质量是产品或服务用于满足人们明示和潜在需求的所有特征和性能的总和。可以说，质量是“产品功能”与“主观需求”之比，或者是“实际得到的”与“期望得到的”之比。例如，有些学生考了 60 分就很满意，有些学生考了 80 分还不太满意，就是因为他们的需求（期望）不同。

把 ISO 的质量定义稍加变通，就可以得出，项目质量就是项目产品或服务用于满足项目干系人的明示和潜在需求的所有特征和性能的总和。这个定义很全面，但可操作性不强，不是真正的操作性定义。为了便于操作，可以把质量定义成“符合要求和适合使用”。“符合要求”是指符合技术规范，不存在技术上的缺陷；“适合使用”是指具有使用价值，能够实现产品或服务的既定用途。根据这个定义，一个质量好的产品并不是一个超过要求的优质产品，而是一个符合要求的适用产品。从机会成本的角度来说，把质量做得超过要求是不划算的，只需要将质量做得符合要求即可。例如，四等水准测量项目，按照三等水准测量的方法进行施测，是不可取的。

2)项目质量计划内容

质量计划是质量管理的基础。现代质量管理的基本原则是:质量不是检查出来的,而是依靠计划及严格按计划执行得到的。编制项目质量计划就是制定项目质量标准,并确定如何达到这个标准。项目团队应当事先识别、理解项目干系人的需求,然后制订出详细的计划去满足这些需求。

项目质量计划应该包括以下主要内容:项目质量政策、项目质量标准,以及项目质量保证与控制体系。项目质量政策和项目质量保证与控制体系,分别从两头确保质量标准的实现。

(1)项目质量政策。

质量政策,又叫质量方针,规定质量管理的总体方向和总体要求,如同指南针,质量政策应该清晰、简单、易懂。每家企业或其他组织通常都有自己的质量政策。例如,某公司的质量政策如下:

本公司确保产品和服务全面满足客户的要求,追求客户的高度满意。我们通过下列手段来实现这一目标:①与客户通力合作;②努力识别和满足客户要求;③持续监控产品生产和服务提供过程,并持续改进;④确保每个员工都清楚地知道如何做事,以及如何一次将事情做好。

项目质量政策应该以书面形式传达给项目团队每一个成员及其他主要项目干系人,如供应商。对于工期比较长的项目,项目质量政策可能需要定期或不定期地重新审查和更新,以确保其有效性。

由于项目总是在某个或几个组织的安排下进行,所以项目质量政策离不开组织的质量政策。编制项目质量政策,需要针对项目情况,对组织的质量政策进行改编。

(2)项目质量标准。

应该针对项目打算满足的干系人的每个需求,来制定具体的质量标准。质量标准应该以具体的、可操作的语言来明确规定某个产品或服务必须达到什么要求,以及在质量控制过程中如何测量达到要求的程度。质量标准通常应包括一系列测量指标,以及如何运用这些指标的规定。例如,可以用考试成绩、平时课堂表现和作业成绩这些具体的测量指标,来评价学生的学习质量。不仅要规定具体的质量测量指标是什么,而且要规定如何为计算这些指标收集数据,如何综合这些指标来评价产品服务的总体质量。

质量标准要尽可能具体、量化。例如,不能只要求自己做一个成绩好的学生,还要规定每门课的成绩达到多少分;把某个东西加热,不能简单地说“一直加到很热”,而要说“一直加到多少摄氏度”。不具体的质量标准,不好测量,也就说不清产品或服务符合质量标准的程度,更说不清应该如何改进质量。

质量标准并非越高越好。太高的质量标准,是不现实的;即便能实现,也会付出高昂的时间和成本的代价。可以采用质量成本估算的方法和边际效益分析的方法,来确定合理的质量标准。

质量管理是要花钱的。质量成本就是用在质量管理上的成本。质量成本可以分成合格成本和不合格成本。合格成本是指为了使产品或服务的质量符合要求所付出的质量管理成本。不合格成本是指产品或服务的质量不符合要求时所要付出的代价。合格成本又包括:①预防成本。为确保产品或服务符合要求而发生的质量管理成本,如编制质量计划、开展人员培训、进行质量保证等的成本。②评估成本。因检查产品或服务是否符合要求而付出的检查成本,如进行产品质量检测的成本。③缺陷成本。因产品或服务的质量缺陷而发生的成本,如返工、修理、信誉损失等。缺陷成本又可分为内部缺陷成本和外部缺陷成本。前者是把产品或服务提交给客户之前，项目团队自己发现缺陷并进行纠正的成本；后者是指产品或服务到客户手里之后，由客户发现缺陷并进行处理的成本。如果发现了缺陷，但不去处理，也会产生缺陷成本。而这种不处理所导致的缺陷成本通常更高。

确定质量标准时，需要考虑愿意承担多大的质量成本，即愿意花多少钱管理质量。如果愿意花较多的钱来管理质量，那么质量标准就可以定高些；如果只愿意花很少的钱做质量管理，那么质量标准只能定得很低。千万不要只愿意花很少的钱做质量管理，却把质量标准定得很高。在估算质量成本时，还需要考虑三种质量成本之间的比重。一般来说，缺陷成本要尽量减少，预防成本的比重要大于评估成本。外部缺陷成本中的信誉损失不是用金钱就能衡量的，信誉损失可能是永远都弥补不了的。

(3)项目质量保证与质量控制体系。

在项目质量计划编制阶段，不仅要确定项目的质量标准，而且还要策划如何达到质量标准，即如何开展质量保证和质量控制。需要事先确定质量保证与质量控制工作的程序、内容和责任人。

质量保证由从事项目具体工作的人员亲自开展。例如，国土调查工作中图斑的外业核查，每位作业人员必须按计划开展质量保证工作。质量保证的主要内容包括：①建立项目干系人对项目质量要求的信心，防止项目干系人对项目工作的不必要干扰；②按项目计划实施事先规定好的、系统的质量活动，保证项目达到质量要求，即按计划“完成”质量；③开展过程改进，加强生产过程中的增值环节，削弱非增值环节，使生产过程更加稳定；④适时重新评价质量标准，确保质量标准的合理性。如果发现质量标准不合理，就要提出变更请求。

在项目实施阶段，要采用规定的方法，使用规定的质量测量指标测量实际的质量情况，并与计划的质量要求进行比较，以便发现质量偏差，判断质量是否合格。如果质量不合格，就需要采取缺陷补救措施。质量控制就是基于质量标准“检查”质量，并在必要时“纠正”质量缺陷。尽管质量不是检查出来的，但是适当的检查还是必需的。而且，也可以通过检查，促进项目团队成员更好地“完成”质量，更好地开展质量保证。质量控制通常由专门的质量控制人员或部门来开展。

2.2.2 测绘项目计划的内涵

项目计划是指根据用户的要求，制订测绘项目产品内容、工期、技术、质量、安全生产的相关内容，并根据测绘项目的相关内容，分析判断需要投入的人员、设备等资源。

计划是指以文字、图表等形式所表述的关于组织及组织内部不同部门和不同成员在未来一定的时间内行动方向、内容、安排的管理文件，以及为了实现决策目标所进行的行动安排。因此，计划工作是为决策所确定的任务和目标提供一种合理的实现方法。

1. 计划的具体内容

(1)做什么，包括要达到的目的及其内容。

(2)为什么，包括工作的原因和意义。

(3)由谁做，包括实施者、指挥者、监督者等。

(4)何时做完这些工作，包括完成整个任务的时限和各阶段任务的时限。

(5)怎么做，包括采取的手段和方法。

(6)在什么地方做。

2. 计划的类型

计划的种类很多，从不同的角度可以划分为以下不同类型：

(1)按计划的时间框架，可分为长期计划、短期计划和应急计划。

(2)按计划的明确程度和管理形式，可分为具体计划、指令性计划和指导性计划。

(3)按时间和空间的综合广狭程度，可分为战略计划、战役计划和战术计划。

另外，还有按管理层次、职能部门的性质和是否程序化等分类的类型。

3. 计划的编制

1)计划编制的原则

计划编制是管理者认识客观事物、分析事物、发现规律等综合活动的过程。计划制订得好与不好，取决于计划与客观规律相符合的程度。为此，在计划编制过程中，应当遵循以下原则。

(1)统筹兼顾的原则。统筹兼顾原则主要体现在计划的全面性、系统性和综合平衡性。计划制订不仅要考虑计划对象系统的构成部分及其相互关系，而且还要考虑计划对象与相关系统的关系，根据相互间的必然联系，统一进行系统筹划。通过系统整体优化，促进计划内部结构有序、合理的组织和同外部关系的协调，正确地确定各种比例关系。其中，最重要的是保持任务、资源与需求之间和局部与整体之间的平衡。

(2)科学性原则。编制计划的科学性，主要是指所制订的计划应符合实际情况和客观规律。只有科学的计划，才有理由要求系统各部门、各单位主动地按照计划要求实施。反之，计划不够科学，甚至违背事物发展的规律，计划本身就很难被执行者接受，即使强制贯彻，也不会达到管理要求的目标。因此，编制计划必须深入调查研究，从实际出发，遵从客观规律，力求使每项计划都建立在科学的基础上。

(3)突出重点的原则。突出重点的原则，是指在制订计划时，不仅要考虑有关的方面，而且要分清主次轻重，在完成的先后顺序、时间安排、力量投入上也要有重点和非重点之分。没有重点的计划，就不能成为好的计划。因此，在制订计划时，要注意计划的各个环节和各个层面的主次之别，善于抓住要害，着重解决影响全局的关键问题。

(4)弹性原则。所谓弹性原则，是指计划在管理活动中的适应性。任何计划都是为实现未来的目标而预先确定的方案。但是，在计划执行过程中，管理环境和管理客体总是处于不断变化之中，管理者在实施管理时也可能出现一定的过失，加之计划本身也难免存在缺陷，往往会出现事先预想不到或无法控制的事件，客观上要求对计划本身进行调整或修改。因此计划既有确定性，也应当保持一定的弹性空间和应变能力，以适应变化的情况。通常做法是，编制备用计划，或者是在制订计划时留有余地。

(5)群众原则。群众原则，是指在制订和修改计划工作的过程中，必须依靠群众，发动群众，广泛听取群众意见，通过各种形式，向群众讲形势、交任务、摆问题、指关键，放手发动群众，揭矛盾、找差距、挖潜力、订措施。只有走群众路线，才能制订出科学、可行的计划，才能激发群众的积极性，自觉地执行计划，以实现组织目标。

2)计划编制的一般程序

计划编制本身也是一个过程。程序是否科学、合理，关系到计划的正确程度。尽管计划的形式很多，但管理人员在编制任何完整的计划时，都应遵循一定的逻辑和步骤。

(1)确定目标。决策的首要任务就是确定目标。计划工作的主要任务是将决策所确定的目标进行分解，以便落实到各个部门和各个活动环节中。决策确定的目标为主要计划指明方向，主要计划根据决策目标规定各个主要部门的目标，而各主要部门的目标又依次控制下属各部门的目标计划，从而形成了组织的目标结构。目标结构包括时间结构和空间结构，同时还描述组织中各层目标间的关系。

(2)调查研究。调查研究的目的是认识组织的现在，以及过去通向现在的规律。计划是连接组织所处此岸和要去彼岸的桥梁，目标指明组织要去的彼岸。因此，计划的第二步是认清组织所处的此岸，即认清现在。认清现在的目的在于寻求合理有效的通往彼岸的路径，即实现目标的途径。

(3)预测并确定前提条件。预测是计划的依据和前提。预测，就是通过分析和总结某些经济社会现象的历史演变和现状，掌握客观过程发展变化的规律，以揭示和预见未来的发展趋势及数量表现。因此，编制计划时，在调查研究的基础上，还应邀请有关专家参加，对计划时限内的社会资源、科技、装备、需求等进行科学预测，以取得科学、可信的数据和资料。计划的前提条件是关于计划的环境和假设条件。对于前提条件的认识越清楚、越深刻，计划工作就越有成效。但是，未来的变化是复杂的，要把从此岸到达彼岸过程中的每个细节都给出假设，既不实际，又没必要。因此，预测仅限于对计划贯彻实施影响较大的前提条件。

(4)拟订方案。经过调查研究和科学预测，在掌握足够数据和资料的基础上，就可以拟订计划方案。方案的主要内容包括目标、程序、规则、任务分配、要采取的步骤、要使用的资源和预算，以及完成既定方案所需要的其他条件等。通常要拟订几种不同的方案，以供选择。

(5)论证与择定方案。这是计划编制的最后阶段。主要工作是：通过各种形式和渠道，召开专家评议会议进行科学论证，召开会议听取群众意见；修改补充计划草案，再广泛征求意见和建议；比较各个可行方案的合理性和效益性，从中选择一个满意的计划，并报上级批准。

3)计划的检查与修订

制订计划不是计划管理的全部，只是开始，在整个计划的制订、贯彻、执行和反馈过程中，计划的检查与修订也是很重要的。

计划编制虽然力求做到从实际出发，使其符合客观实际，但是，由于认识局限性和客观过程的发展及表现程度的限制，改变部分计划是常有的事。通过计划检查可以及时了解计划任务的落实情况。发现计划与实际的执行情况不符时，应具体分析原因。如果计划本身不符合实际，或者执行过程中出现了计划没有预测到的重大条件变化，就应当修改原定计划。但是，修改计划必须按一定的程序进行，必须经批准计划的机关审查批准。对于计划执行单位管理不善等主观原因造成的计划与实际脱节，则不允许修改计划，以保证计划的严肃性。

计划的检查与修订，应贯穿于从计划下达到计划执行结束的全过程，主要包括下列内容：

(1)计划执行是否偏离目标。

(2)计划指标完成的程度。

(3)计划执行中的经验与潜在的问题。

(4)计划是否符合执行中的实际情况。

(5)是否有必要对计划进行修改和补充等。

练习与思考题

1. 什么是决策？
2. 简述决策的程序。
3. 简述测绘项目计划的具体内容和类型。
4. 简述测绘项目计划编制的原则和程序。
5. 简述计划检查修订的主要内容。

项目三　测绘项目合同管理

[概述]

本项目主要介绍合同的定义、测绘项目合同的内容及测绘项目成本预算等内容，围绕测绘项目合同的形式、测绘项目合同的内容和测绘项目成本预算进行阐述和归纳。

[学习目标]

要求学生掌握合同的定义、合同订立及合同履行的原则，具有测绘项目合同编写和测绘项目成本预算的能力。

子项目 1　测绘项目合同概述

3.1.1　合同内容和形式

合同指平等主体的双方或多方当事人(自然人或法人)关于建立、变更、终止民事法律关系的协议。

1. 合同形式

合同形式有书面形式、口头形式和其他形式等三类。

行政法规规定或当事人约定采用书面形式的，应当采用书面形式(如合同书、信件和数据电文等可以有形地表现所载内容的形式)。

2. 合同内容

合同内容由当事人约定，一般包括当事人名称(姓名)和住所、标的、数量、质量、价款或者报酬、履行期限、地点和方式、违约责任、解决争议的办法等。

3.1.2　合同订立

1. 合同订立原则

订立合同的当事人应当具有相应的民事权利能力和民事行为能力。当事人订立、履行合同，应当遵循法律、行政法规，尊重社会公德，不得干扰社会经济秩序，不得损害社会公共利益。

订立合同应遵循以下基本原则：

(1)当事人法律地位平等。

(2)自愿的原则。

(3)公平的原则。

(4)诚实信用的原则。

(5)遵守法律和不得损害社会公共利益的原则。

2. 要约和承诺

当事人订立合同，可以采取要约、承诺方式。

1)要约

要约是一方当事人以缔结合同为目的,向对方当事人提出合同条件,希望对方当事人接受的意思表示。发出要约的一方称要约人,接受要约的一方称受要约人。要约是以订立合同为目的的具有法律意义的意思表示行为,一经发出就产生一定的法律效果。

要约邀请,是一方当事人邀请另一方当事人向自己发出要约。要约邀请的目的是让对方对自己发出要约,是订立合同的一种预备行为,在性质上是一种事实行为,并不产生任何法律效果,即使对方依邀请对自己发出了要约,自己也没有承诺的义务。

因此,要约邀请本身一般不具有法律约束力。在实际生活中,拍卖公告、招标公告、寄送的价目表、招股说明书、商业广告和宣传等,都属于要约邀请。但商业广告和宣传的内容符合要约条件的,构成要约。

2)承诺

承诺是受要约人同意要约的意思表示。承诺应当以通知的方式作出,但根据交易习惯或者要约表明可以通过行为作出承诺的除外。要约没有确定承诺期限的,承诺应当依照下列规定到达:

(1)要约以对话方式作出的,应当即时作出承诺,但当事人另有约定的除外。

(2)要约以非对话方式作出的,承诺应当在合理期限内到达。

3. 合同成立时间和地点

1)合同成立时间

当事人采取合同书形式订立合同的,自双方当事人签字或者盖章时合同成立。

当事人采用信件、数据电文等形式订立合同的,可在合同成立之前要求签订确认书,签订确认书时合同成立。

2)合同成立地点

承诺生效的地点为合同成立的地点。采用数据电文形式订立合同的,收件人的主营业地为合同成立的地点;没有主营业地的,其住所地为合同成立的地点。

4. 合同效力

法律对于合同的效力有以下规定:

(1)限制民事行为能力人订立的合同,经法定代理人追认后,该合同有效,但纯获利益的合同或者与其年龄、智力、精神健康状况相适应而订立的合同,不必经法定代理人追认。相对人可以催告法定代理人在1个月内予以追认。法定代理人未作表示的,视为拒绝追认。合同被追认之前,善意相对人有撤销的权利。撤销应当以通知的方式作出。

(2)行为人没有代理权、超越代理权或者代理权终止后以被代理人名义订立合同,相对人有理由相信行为人有代理权的,该代理行为有效。

(3)法人或者其他组织的法定代表人、负责人超越权限订立的合同,除相对人知道或者应当知道其超越权限的以外,该代表行为有效。无处分权的人处分他人财产,经权利人追认或者无处分权的人订立合同后取得处分权的,该合同有效。

(4)当事人对合同的效力可以约定附条件。附生效条件的合同,自条件成立时生效。附解除条件的合同,自条件成立时失效。当事人为自己的利益不正当地阻止条件成立的,视为条件已成立;不正当地促成条件成立的,视为条件不成立。

(5)法律、行政法规规定或者当事人约定采用书面形式订立合同,当事人未采用书面形式,但一方已经履行主要义务，对方接受的，该合同成立。

5. 合同无效

造成对方人身伤害的或因故意或者重大过失造成对方财产损失的合同免责条款合同无效。

合同无效、被撤销或者终止的，不影响合同中有关解决争议方法的条款的效力。

合同无效时，因该合同取得的财产，应当予以返还；不能返还或者没有必要返还的应当折价补偿。下列合同无效：

(1)一方以欺诈、胁迫的手段订立合同，损害国家利益的。

(2)恶意串通，损害国家、集体或者第三人利益的。

(3)以合法形式掩盖非法目的，损害社会公共利益的。

(4)违反法律、行政法规的强制性规定的。

6. 合同变更

受要约人对要约的内容作出实质性变更的为新要约。有关合同标的、数量、质量、价款或者报酬、履行期限、履行地点和方式、违约责任和解决争议方法等的变更，是对要约内容的实质性变更。

承诺对要约的内容作出非实质性变更的，除要约人及时表示反对或者要约表明承诺不得对要约的内容作出任何变更的以外，该承诺有效，合同的内容以承诺的内容为准。

3.1.3 合同履行

合同生效后，当事人就质量、价款或者报酬、履行地点等内容没有约定或者约定不明确的，可以协议补充；不能达成补充协议的，按照合同相关条款或者交易习惯确定。

1. 合同价格

执行政府定价或者政府指导价的，在合同约定的交付期限内政府价格调整时，按照交付时的价格计价；若逾期，合同价格应遵守以下规定：

(1)逾期交付标的物的，遇价格上涨时，按照原价格执行；价格下降时，按照新价格执行。

(2)逾期提取标的物或者逾期付款的，遇价格上涨时，按照新价格执行；价格下降时，按照原价格执行。

2. 合同解除

有下列情形之一的，当事人可以解除合同：

(1)因不可抗力致使不能实现合同目的。

(2)在履行期限届满之前，当事人一方明确表示或者以自己的行为表明不履行主要债务。

(3)当事人一方迟延履行主要债务，经催告后在合理期限内仍未履行。

(4)当事人一方迟延履行债务或者有其他违约行为致使不能实现合同目的。

(5)法律规定的其他情形。

3.1.4 合同违约

合同违约是违反合同债务的行为。合同债务包括合同中约定的义务和法律直接规定的义务，以及根据法律原则所要求的当事人必须遵守的义务。

1. 违背诚实信用原则

当事人在订立合同过程中，有下列情形之一，造成对方损失的，应当承担赔偿责任：

(1)假借订立合同，恶意进行磋商。

(2)故意隐瞒与订立合同有关的重要事实或者提供虚假情况。

(3)有其他违背诚信原则的行为。

2. 违约赔偿

(1)当事人既约定违约金，又约定定金的，一方违约时，对方可以选择适用违约金或者定金条款。

(2)当事人一方违约后，对方应当采取适当措施防止损失的扩大；没有采取适当措施致使损失扩大的，不得就扩大的损失要求赔偿。当事人因防止损失扩大而支出的合理费用，由违约方承担。

3.1.5 合同评审

在投标、签订合同之前，应该对标书、合同进行合同评审。

1. 合同评审的方式

合同评审的方式有授权审批、会签、会议评审等。

2. 合同评审的内容

合同评审的内容有法律法规要求、质量技术要求、人力资源保障要求、工程量、成果交付期限、价款和结算方式、设备保障情况、发包单位资信情况等。

子项目 2 测绘项目合同内容

测绘项目合同是测绘项目管理的核心内容。

3.2.1 合同内容

1. 测绘范围

测绘范围可用自然或人工地物的边界线来描述，也可以由委托方标绘概略图。

2. 测绘内容

测绘内容为受委托方须完成的实际测绘任务，包括测绘成果种类、等级、数量及质量等。

3. 技术依据和质量标准

需明确约定所用的技术依据、成果质量等级及其检查验收标准，约定测绘项目生产实施测绘成果的数据基准。

4. 工程费用及其支付方式

合同应注明收费依据、预算工程总价款、实际工程价款总额，列出收费明细，包括首付款、阶段性付款及尾款等。阶段性付款可以按阶段性标志性成果来划分，或按照完工程度的百分比来划分。

5. 项目实施进度安排

合同应标明每项工作计划完成的具体时间及预期的阶段性成果。若工程内容出现时间重叠，应按照完成的工程量进行阶段性分割。

6. 提交成果及验收方式

提交的成果有成果名称、种类、技术规格、数量及其他需要说明的内容。

成果验收方式由双方协商确定，如果有项目监理，则由三方共同完成质量检查及验收工作。

应明确项目验收的组织形式、经费来源等内容，甲方应组织专家依据本合同约定使用的技术标准和要求对乙方所完工的测绘工程完成验收。

对质量有争议的，应当明确由测区所在地的省级测绘产品监督检验站裁决，其费用由败诉方承担。

7. 测绘成果的版权归属和保密约定

使用方必须根据测绘成果的密级，按国家有关保密的法律法规要求，采取有效的保密措施，严防泄密；使用方仅限于在本单位范围内使用测绘成果，不得扩展到所属系统和上级、下级、同级其他单位或者其他人；使用方对使用的测绘成果不拥有复制、传播、出版、翻译成外国语言等权利，除使用方申请的使用用途外不得向第三方提供；测绘成果的任何格式或者任何复制品视同原始测绘成果；未经审批和授权使用方不得利用测绘成果编制出版其他地图。

8. 其他约定

执行过程中的未尽事宜，双方协商一致的，签订补充协议。补充协议与本合同具有同等效力。协商或调解不成的，由当事人双方约定的仲裁委员会仲裁，未在合同中约定仲裁机构的可向人民法院起诉。

9. 附则

双方签字，加盖公章或合同专用章。全部成果交接完毕和测绘工程费结算完成后，本合同终止。

3.2.2 甲乙方义务

1. 甲方义务

(1)自合同签订之日起几日内向乙方移交有关资料。

(2)自接到技术设计书之日起，几日内完成审定工作，并提出书面审定意见。

(3)应当保证乙方的测绘队伍顺利进场，并提供必要的生活工作条件。

(4)保证工程款按时到位。

(5)允许乙方内部使用执行本合同所生产的测绘成果。

2. 乙方义务

(1)自收到甲方的有关材料之日起，乙方应当在几日内完成技术设计书的编制并交甲方。

(2)自收到甲方对技术设计书同意实施的审定意见之日起，几日内组织队伍进场。

(3)乙方应当根据技术设计书要求确保测绘项目如期完成。

(4)允许甲方内部使用乙方为执行本合同所提供的属乙方所有的测绘成果。

(5)未经甲方允许，乙方不得把工程转包给第三方。

3. 甲方违约规定

(1)合同签订后，由于甲方工程停止而终止合同的，乙方未进入现场工作前，甲方无权请求返还定金。双方没有约定定金的，向乙方偿付预算工程费的 30%。乙方已进入现场工作，甲方应按完成的实际工作量支付工程价款。

(2)乙方进场后,甲方未给乙方提供必要的工作、生活条件而造成停窝工时,甲方应支付给乙方停窝工费,同时工期顺延。

(3)甲方未按要求支付乙方工程费,应按顺延天数和当时银行贷款利息,向乙方支付违约金。影响工程进度的,甲方应承担顺延工期的责任,并向乙方支付停窝工费。

(4)对于乙方提供的图纸等资料及属于乙方的测绘成果,甲方有义务保密,不得向第三人提供或用于本合同以外的项目,否则乙方有权要求甲方按本合同工程款总额的20%赔偿损失。

4. 乙方违约规定

(1)合同签订后,如乙方擅自中途停止或解除合同,乙方应向甲方双倍返还定金并归还甲方预付的全部工程款。

(2)在甲方提供了必要的工作、生活条件并且保证了工程款按时到位,而乙方未能按合同规定的日期提交测绘成果时,应向甲方赔偿拖期损失费。因天气、交通、政府行为、甲方提供的资料不准确等影响测绘作业的客观原因造成的工作拖期,乙方不承担赔偿责任。

(3)乙方提供的测绘成果质量不合格的,乙方应负责无偿予以重测或采取补救措施,以达到质量要求。因测绘成果质量不符合合同要求(而又非甲方提供的图纸资料原因所致)造成后果时,乙方应对因此造成的直接损失负赔偿责任,并承担相应的法律责任(由于甲方提供的图纸资料原因产生的责任由甲方自己负责)。

(4)对于甲方提供的图纸和技术资料及属于甲方的测绘成果,乙方有保密义务,不得向第三人转让,否则,甲方有权要求乙方按本合同工程款总额的20%赔偿损失。

(5)乙方擅自转包本合同标的,甲方有权解除合同,并可要求乙方偿付工程费用30%的违约金。

子项目3 测绘成本预算

测绘单位签订合同后,根据合同规定的指标、项目技术设计书、测绘生产定额、测绘单位的承包经济责任制及有关的财务会计资料等编制项目成本预算。

成本预算方式依赖于所在单位的机构组织模式、分配机制和相关的会计制度等。

3.3.1 成本预算

1. 成本预算情况分类

1)生产承包制

项目是生产承包制的,成本预算由生产成本预算和应承担的期间费用预算组成。

2)生产经营承包制

项目是生产经营承包制的,成本预算由生产成本预算、应承担的承包部门费用预算和应承担的期间费用预算组成。

2. 生产成本

生产成本即直接用于完成特定项目所需费用。主要包括直接人工费、直接材料费、交通差旅费、折旧费等;实行项目承包(或费用包干)的情形则只需计算直接承包费用和折旧费等内容。

3. 经营成本

除去直接的生产成本外，成本预算还包括用来维持测绘单位正常运作的经营成本。

1)员工福利及其他费用

此项包括按工资基数计提的福利费、职工教育经费、住房公积金、养老保险金、失业保险等分配计入项目的部分。

2)机构运营费用

此项包括业务往来费用、办公费用、仪器购置费用、仪器维护及更新费用、工会经费、社团活动费用、质量及安全控制成本、基础设施建设费用等反映测绘单位正常运作的费用分配计入项目的部分。

4. 期间费用

期间费用是指企业本期发生的、不能直接或间接归入营业成本，而是直接计入当期损益的各项费用，包括销售费用、管理费和财务费用等。

3.3.2　测绘项目成本预算计算

测绘工程产品定价未列入国家发展和改革委员会发布的《政府定价的经营服务性收费目录清单》中，目前测绘产品实施市场定价，原《测绘工程产品价格》(2002 年版)仅作参考。

事业单位核定成本参照《测绘生产成本费用定额》(2009 年版)。测绘生产成本费用的确定要依据测绘定额工日计算，测绘定额工日是根据当前测绘生产技术方法、产品形式、技术装备水平确定的。

1. 困难类别

划分测绘项目困难类别的主要依据包括测绘工作内容、技术工艺条件、测区自然环境条件。测绘成果按照难度分为 3 类，第Ⅲ类难度最大。在难以到达的特别困难地区作业时，应在相应的测绘项目困难类别Ⅱ类所列定额的基础上提高 1～3 倍。

2.《测绘生产成本费用定额》成本计算因素构成

测绘事业单位可选用品种法、定单法和分步法等成本计算方法。定额计算中不包含折旧费用或修购基金，修购基金根据事业单位财务制度规定另提。

(1)成本费用构成比例为：直接费用 82%，间接费用 6%，期间费用 12%。

(2)测绘生产年作业期为：外业 180 天，内业 220 天。

(3)生产单位的人员构成比例为：生产人员 74%，分院部人员 10%，院部人员 16%。

(4)成本费用中包含 1.5%的测绘项目设计费和 3.0%的成果验收费。

3. 定额困难系数

(1)长迁系数：1 000～2 000 km，3%；2 000～3 000 km，6%；3 000 km 以上，8%。

(2)高原系数(海拔 3 500 m 以上)：7%。

(3)高寒、高温系数：5%。

(4)带状系数：30%(或 15%)，适用于图上宽度≤1 dm(或 1～2.5 dm)的 1∶500～1∶2 000 比例尺的带状地形图测绘。

(5)小面积系数：标准幅定额×1.3，测绘面积小于 1 幅的 1∶500～1∶2 000 比例尺地形图按 1 幅计。

(6)修测系数：(修测面积/标准幅面积)×标准幅定额×1.3，适用于 1∶500～1∶2 000 比例尺地形图修测。

(7)面积系数:(实际面积－标准面积)×80%/标准面积。

4. 测绘工作项目图幅标准面积。

地形图图幅标准面积见表3.1。

表3.1 地形图图幅标准面积

地形图比例尺	实地面积/km^2	图上面积/dm^2	地形图比例尺	实地面积/km^2	图上面积/dm^2
1∶100万	—	22	1∶1万	25	25
1∶50万	—	22	1∶5 000	6.25	25
1∶25万	—	23	1∶2 000	1.00	25
1∶10万	1 600	16	1∶1 000	0.25	25
1∶5万	400	16	1∶500	0.062 5	25

5. 其他规定

(1)水准观测少于100 km时,定额增加30%。水准网平差不足100 km,按100 km计算。

(2)A、B、C级全球导航卫星系统(GNSS)点采用同步环方法观测时定额增加60%,观测时间每增减1个时段,定额增减15%。

(3)1∶50 000～1∶5 000为区域网布点定额,改为全野外布点时增加50%。1∶2 000～1∶500为全野外布点定额,改为航线法布点时减少15%,改为区域网布点时减少30%。

(4)规划定桩测量或建筑物放样以4个点为一件,不足4个点按一件算。横断面长度以每个断面的宽度累加计算。

(5)数字线划地图(DLG):全野外地形数据采集编辑项目中,当基础数字线划地图需要满足地籍图、房产图精度要求时,定额增加20%。

6. 测绘难度类别规定

测绘难度类别规定见表3.2。

表3.2 测绘难度类别规定

测绘项目分类	测绘难度类别		
	Ⅰ类	Ⅱ类	Ⅲ类
GNSS连续运行站建设	站址选在中小城市,便于埋石	站址位于丘陵、山区	站址位于交通困难地区或人口密集的特大城市
普通地图	地面平坦,水系、道路稀少的沙漠、荒漠等地区	地面平坦,社会经济要素容量较大的平原地区,社会经济要素容量较小,地貌较复杂的低山、丘陵地区	道路、居民地稠密,地貌不复杂的水网平原区,社会经济要素容量较大、地貌复杂、等高线密度大的高山、丘陵地区以及城市地区
房产面积测绘	住宅用房、工业厂房	商住楼用房	多功能综合楼用房
水准、导线观测	沿大道通过,无干扰	沿街道、铁路或干扰、障碍不大的地带通过,通行不便,地面有起伏	通过繁华的市区等或河流、林带等崎岖小径,通行困难,有的地方需打尺桩
管线探测	地面平坦,仅一种管线,便于作业	管线种类较多,交叉较多且交点距离比较近,管线相互间有磁场干扰	居民小区管线,工厂区管线,错综复杂,需反复探测

7. 地形图修测工日定额

某工作项目更新修测工日定额＝某工作项目标准工日定额×(更新修测工作量比例＋修测系数0.2)。

上式中更新修测工作量比例大于70％时应按重测对待。

3.3.3　航摄经费

1. 开支范围

1)航摄生产费

航摄生产费是指为完成航摄任务委托航摄生产单位实施航摄项目而支出的费用。

2)遥感影像资料购置费

遥感影像资料购置费是指为购置遥感影像资料而支出的费用。

3)管理费

管理费是指为实施航摄项目和遥感影像资料购置项目管理而支出的费用,包括项目论证评审、制定实施方案、技术设计、政府采购工作组织、成果验收、监督检查、绩效考评等与航摄项目管理活动直接相关的费用。

2. 航摄经费管理的基本原则

航摄经费管理的基本原则如下:

(1)科学论证、合理排序的原则。

(2)专款专用的原则。

(3)航摄经费(其中的管理费除外)应纳入政府采购预算。

(4)追踪问效的原则。

3. 申报条件

财政部统一制定航摄项目申报文本、航摄项目支出预算报表及计算机应用软件技术标准。申报条件如下:

(1)符合财政资金支持的方向和范围。

(2)符合测绘事业发展规划和分区定期更新原则。

(3)有明确的项目目标、组织实施计划和科学合理的项目预算,并经过充分的研究和论证。

4. 申报程序

申报程序如下:

(1)航摄需求单位应当按照国务院测绘地理信息主管部门发布的航摄整体规划及分年度实施计划向国务院测绘地理信息主管部门申报航摄项目。

(2)国务院测绘地理信息主管部门对申报的航摄项目进行审核后,将符合条件的项目列入国家航摄项目库。

(3)国务院测绘地理信息主管部门对进入航摄项目库的项目,按轻重缓急排序后统一汇总向财政部申报。

5. 航摄经费管理职责

1)财政部

财政部职责如下:

(1)确定航摄经费的使用方向和范围。

(2)确定航摄经费总预算。

(3)审批航摄经费具体项目预算。

(4)按财政资金拨款程序和要求拨付航摄经费。

(5)监督、检查航摄经费的管理和使用情况。

2)国务院测绘地理信息主管部门

国务院测绘地理信息主管部门职责如下：

(1)编制航摄经费项目预算。

(2)组织航摄项目的政府采购。

(3)负责航摄项目实施的日常管理。

(4)监督、检查航摄经费的管理和使用情况。

(5)编报航摄经费年度决算。

练习与思考题

1. 下列合同订立情形中，不属于《中华人民共和国民法典》规定的合同无效的情形有(　　)。
   A. 一方以欺诈、胁迫的手段订立的合同，损害国家利益
   B. 恶意串通，损害国家、集体或者第三人利益
   C. 订立合同时显失公平
   D. 损害公共利益
2. 关于当事人订立合同的形式的说法，错误的是(　　)。
   A. 订立合同可以采用书面形式
   B. 订立合同必须采用书面形式
   C. 订立合同可以采取口头形式
   D. 法律规定采用书面形式的应当采用书面形式
3. 根据《测绘合同》示范文本，下列关于测绘合同的说法中，错误的是(　　)。
   A. 合同有双方代表签字，加盖双方公章或合同专用章即生效
   B. 合同执行过程中的未尽事宜，双方可以协商签订补充协议
   C. 因合同发生争议，未能达成调解和书面仲裁协议的，双方可以向人民法院起诉
   D. 测绘项目全部成果交接完毕后，合同终止
4. 甲乙双方签订了一份测绘合同，下列关于该合同变更的说法中，正确的是(　　)。
   A. 经双方协商一致，可以变更
   B. 任何情况下，双方都不得变更
   C. 一方不履行合同，另一方可以变更
   D. 需要变更的，双方必须协商一致，并报主管部门审批
5. 根据《中华人民共和国民法典》，下列合同中，属于有效合同的是(　　)。
   A. 损害社会公共利益的合同
   B. 具有相应的民事行为能力人订立的平等互利合同
   C. 以合法形式掩盖非法目的的合同
   D. 以胁迫手段强制订立的合同

6. 根据《测绘生产成本费用定额》，全野外地形数据采集编辑项目中，要求基础数字线划地图满足地籍图、房产图精度要求时的费用定额增加幅度是(　　)。

A. 10%　　B. 15%　　C. 20%　　D. 30%

7. 根据《测绘生产成本费用定额》，成本费用构成比例中直接费用为(　　)。

A. 0.6　　B. 0.7　　C. 0.82　　D. 0.9

8. 以下经营成本中，不属于机构运营费用的是(　　)。

A. 社团活动费　　B. 失业保险金

C. 工会经费　　D. 员工寝室基建费用

项目四　测绘项目生产管理

［概述］

本项目重点讲述了测绘项目按照行业技术标准《测绘技术设计规定》进行技术设计、《测绘作业人员安全规范》、测绘仪器设备安全管理、基础地理信息数据管理与保护及许可使用要求。

［学习目标］

①掌握测绘项目技术设计相关规定；②掌握测绘项目作业人员安全作业规定；③掌握测绘仪器设备安全管理规定；④掌握基础地理信息数据管理与保护及许可使用。

子项目 1　测绘项目技术设计

4.1.1　技术设计的相关概念

1. 测绘项目

测绘项目是由一组有起止日期的、相互协调的测绘活动组成的独特过程，该过程要达到符合包括时间、成本和资源的约束条件在内的规定要求的目标，且其成果（或产品）可提供社会直接使用和流通。测绘项目通常包括一项或多项不同的测绘活动。构成测绘项目的测绘活动根据其内容不同可以分为大地测量、测绘航空摄影、摄影测量与遥感、工程测量、海洋测绘、界线与不动产测绘、地理信息系统工程、地图编制、导航电子地图制作、互联网地图服务等测绘专业活动；也可以根据测区的不同划分不同的专业活动；亦可将两者综合考虑进行划分。

2. 测绘技术设计

测绘技术设计是将顾客或社会对测绘成果的要求（即明示的、通常隐含的或必须履行的需求或期望）转化为测绘成果（或产品）、测绘生产过程或测绘生产体系规定或规范的一组过程。其目的是制定切实可行的技术方案，保证测绘成果（或产品）符合技术标准和满足顾客要求，并获得最佳的社会效益和经济效益。

测绘技术设计的目的是制定切实可行的技术方案，保证测绘成果（或产品）符合技术标准和满足顾客要求，并获得最佳的社会效益和经济效益。因此，要求测绘单位必须建立完善的技术设计管理制度，并能按照制度规定有效运行。管理制度中应当包含技术设计范围、技术设计审批程序、技术设计要求和记录格式等内容。每个测绘项目作业前应进行技术设计，其中简单、日常性的测绘项目可不编制技术设计书，但应当制定作业指导书或通用技术设计书代替。

3. 测绘技术设计文件

测绘技术设计文件是为测绘成果（或产品）固有特性和生产过程或体系提供规范性依据的文件，主要包括项目设计书、专业技术设计书及相应的技术设计更改文件。

4. 技术设计更改文件

技术设计更改文件是在设计更改过程中由设计人员提出，并经过评审、验证（必要时）和审批的技术设计文件。技术设计更改文件既可以是对原设计文件技术性的更改，又可以是对原设计文件技术性的补充。

5. 设计过程

设计过程是一组设计输入转化为设计输出的相互关联或相互作用的活动。设计过程通常由一组设计活动所构成，主要包括策划、设计输入、设计输出、设计评审、验证（必要时）、审批和更改。

6. 设计输入

设计输入是与成果（或产品）、生产过程或生产体系要求有关的，设计输出必须满足的要求或依据的基础性资料。设计输入通常又称设计依据。

7. 设计输出

设计输出是设计过程的结果。测绘技术设计输出的表现形式为测绘技术设计文件。

8. 设计评审

设计评审是为确定设计输出达到规定目标的适宜性、充分性和有效性所进行的活动。

9. 设计验证

设计验证是通过提供客观证据对设计输出满足输入要求的认定。

4.1.2　技术设计的基本要求

1. 技术设计分类

测绘技术设计分为项目设计和专业技术设计。项目设计是对测绘项目进行的综合性整体设计。专业技术设计是对测绘专业活动的技术要求进行设计。它是在项目设计基础上，按照测绘活动内容进行的具体设计，是指导测绘生产的主要技术依据。对于工作量较小的项目，可根据需要将项目设计和专业技术设计合并为项目设计。

2. 技术设计遵照的原则

(1)技术设计应依据技术输入内容，充分考虑顾客的要求，引用适用的国家、行业或地方的相关标准，重视社会效益和经济效益。

(2)技术设计方案应先考虑整体而后局部，且顾及发展；要根据作业区实际情况，考虑作业单位的资源条件（如人员的技术能力和软、硬件配置情况等），挖掘潜力，选择最适用的方案。

(3)积极采用适用的新技术、新方法和新工艺。

(4)认真分析和充分利用已有的测绘成果（或产品）和资料；对于外业测量，必要时应进行实地勘察，并编写踏勘报告。

3. 设计人员基本要求

(1)具备完成有关设计任务的能力，具有相关的专业理论知识和生产实践经验。

(2)明确各项设计输入内容，认真了解、分析作业区的实际情况，并积极收集类似设计内容执行的有关情况。

(3)了解、掌握本单位的资源条件（包括人员的技术能力，软、硬件装备情况）、生产能力、生产质量状况等基本情况。

(4)对其设计内容负责，并善于听取各方意见，发现问题，应按有关程序及时处理。

4. 踏勘调查要求

为保证技术设计的可行性和可操作性，对于外业测量，必要时应进行实地踏勘调查，并编写踏勘报告。踏勘报告的内容见表 4.1。

表 4.1　踏勘报告的内容

内容	简要说明
概述	作业区的行政划分、经济水平、踏勘的时间、人员的组成及分工、踏勘的路线及范围
自然情况	作业区的自然地理情况；对作业有影响的气象气候情况（如风、雨、雪、雾、气温、气压、能见度等）及冻土深度、高秆作物季节，每年可作业年份，月平均作业天数；土壤、土质、沼泽地等情况；植被的种类和分布情况
人文情况	居民的风俗习惯和语言情况，居民地的分布情况及地名规律及作业组住地的建议；作业区治安情况、卫生情况及预防措施；作业区交通情况
供应情况	作业区生活用品、粮食、饮水、燃料的供应情况；木材、水泥、沙、石等就地取材的可能性和价格；消耗品、材料、工具的采购地点；劳动力、向导、翻译等请用情况
可利用成果资源	测区主要交通、水系、山体、居民地、管线和境界等的结合图；作业区已有成果成图及其质量情况，测量标志完好情况，对利用这些资料的初步分析和意见；典型地物、地貌样片调绘及摄影资料；作业区困难类别和具体图幅困难类别（可根据幅图情况）
补充信息	其他需补充说明的作业区信息
结论性建议	对今后技术设计方案和作业的建议

5. 技术设计的编写要求

(1)内容明确，文字简练，对标准或规范中已有明确规定的，一般可直接引用，并根据引用内容的具体情况，明确所引用标准或规范名称、日期以及引用的章、条编号，且应在引用文件中列出；对已作业生产中容易混淆和忽视的问题，应重点描述。

(2)名词、术语、公式、符号、代号和计量单位等应与有关法规和标准一致。

(3)技术设计书的幅面、封面格式和字体应符合相关要求。

4.1.3　技术设计的设计过程

技术设计文件是测绘生产的主要技术依据，也是影响测绘成果（或产品）能否满足顾客要求和技术标准的关键因素。为了确保技术设计文件满足规定要求的适宜性、充分性和有效性，测绘技术的设计活动应按照策划、设计输入、设计输出、评审、验证（必要时）、审批的程序进行。

1. 策划

(1)技术设计实施前，承担设计任务的单位或部门的总工程师或技术负责人对测绘技术设计进行策划，并对整个设计过程进行控制。必要时，也可指定相应的技术人员负责。

(2)设计策划应根据需要决定是否进行设计验证。当设计方案采用新技术、新方法和新工艺时，应对设计输出进行验证。

(3)设计策划的内容主要包括：设计的主要阶段；设计评审、验证（必要时）和审批活动的安排；设计过程中职责和权限的规定；各设计小组之间的接口。

2. 设计输入

(1)设计输入是设计的依据。编写技术设计文件前，应首先确定设计输入。

(2)设计输入应由技术设计负责人确定并形成书面文件，并由设计策划负责人或单位总工程师对其适宜性和充分性进行审核。

(3)测绘技术设计输入应根据具体的测绘任务、测绘专业活动而定。通常情况下，测绘技术设计输入包括：使用的法律、法规要求；适用的国际、国家或行业技术标准；对测绘成果（或产品）功能和性能方面的要求，主要包括测绘任务书或合同的有关要求，顾客书面要求或口头要求的记录，市场的需求或期望；顾客提供的或本单位收集的测区信息、测绘成果（或产品）资料及踏勘报告等；适用时，以往测绘技术设计、测绘技术总结提供的信息以及现有生产过程和成果（或产品）的质量记录和有关数据；测绘技术设计必须满足的其他要求。

3. 设计输出

设计输出主要包括项目设计书、专业技术设计书及相应的技术设计更改单。在编写设计书时，当用文字不能清楚、形象地表达其内容和要求时，应增加设计附图。设计附图应在相应的项目设计书和专业技术设计书附录中列出。

4. 设计评审

在技术设计的适当阶段，应依据设计策划的安排对技术设计文件进行评审，以确保达到规定的设计目标。设计评审应确定评审依据、评审目的、评审内容、评审方式及评审人员等，其主要内容和要求为：

(1)评审依据为设计输入的内容。

(2)评审目的包括评价技术设计文件满足要求（主要是设计输入要求）的能力，识别问题并提出必要的措施。

(3)评审内容包括送审的技术设计文件或设计更改内容及其有关说明。

(4)依据评审的具体内容确定评审方式，评审方式包括传递评审、会议评审及有关负责人审核等。

(5)参加评审人员包括评审负责人、与所评审的设计阶段有关的职能部门的代表、必要时邀请的有关专家等。

5. 设计验证

为确保技术设计文件满足输入的要求，应依据设计策划的安排，必要时对技术设计文件进行验证。根据技术设计文件的具体内容，设计验证的方法可选用：

(1)将设计输入要求和（或）相应的评审报告与其对应的输出进行比较校检。

(2)试验、模拟或试用，根据其结果验证符合其输入的要求。

(3)对照类似的测绘成果（或产品）进行验证。

(4)变换方法进行验证，如采取可替换的计算方法等。

(5)其他适用的验证方法。

设计方案采用新技术、新方法和新工艺时，应对技术设计文件进行验证。验证宜采用试验、模拟或试用等方法，根据其结果验证技术设计文件是否符合规定要求。

6. 设计审批

为确保测绘成果（或产品）满足规定的使用要求或已知的预期用途的要求，应依据设计策划的安排对技术设计文件进行审批。设计审批的依据主要包括设计输入内容、设计评审和验证报告等。技术设计文件报批之前，承担测绘任务的法人单位必须对其进行全面审核，并在技术设计文件和（或）产品样品上签署意见并签名（或盖章）。技术设计文件经审核签字后，报测绘任务的委托单位审批。

7. 设计更改

技术设计文件一经批准，不得随意更改。当确实需要更改或补充有关的技术规定时，应对更改或补充内容进行评审、验证和审批后，方可实施。

4.1.4 技术设计的主要内容

1. 项目设计的内容

项目设计是对测绘项目进行的综合性整体设计，其内容见表4.2。

表4.2 项目设计的内容

内容	分项内容	简要说明
概述	—	说明项目来源、内容和目标、作业区范围和行政隶属、任务量、完成期限、项目承担单位和成果(或产品)接收单位等
作业区自然地理概况和已有资料情况	作业区自然地理概况	说明与测绘作业有关的作业区自然地理概况，内容可包括作业区的地形概况、地貌特征，作业区的气候情况，其他需要说明的作业区情况等
	已有资料情况	说明已有资料的数量、形式、主要质量情况(包括已有资料的主要技术指标和规格等)和评价，说明已有资料利用的可能性和利用方案等
引用文件	—	说明项目设计书编写过程中所引用的标准、规范或其他技术文件
成果(或产品)主要技术指标和规格	—	说明成果(或产品)的种类及形式、坐标系统、高程基准，比例尺、分带、投影方法，分幅编号及其空间单元，数据基本内容、数据格式、数据精度以及其他技术指标等
设计方案	软件和硬件配置要求	硬件：规定对生产过程所需的主要测绘仪器、数据处理设备、数据传输网络等设备的要求，其他硬件配置方面的要求(如对于外业测绘，可根据作业区的具体情况，规定对生产所需的主要交通工具、主要物资、通信联络设备及其他必需的装备等的要求) 软件：规定对生产过程中主要应用软件的要求
	技术路线及工艺流程	说明项目实施的主要生产过程和这些过程之间输入、输出的接口关系；必要时，应用流程图或其他形式清晰、准确地规定生产作业的主要过程和接口关系
	技术规定	规定各项专业活动的主要过程、作业方法和技术、质量要求；特殊的技术要求，采用新技术、新方法、新工艺的依据和技术要求
	上交和归档成果(或产品)内容及其资料内容和要求	成果数据：规定需上交和归档的成果的内容、组织、格式，存储介质，包装形式和标志及其上交和归档的数量等 文档资料：规定需上交和归档的文档资料的类型(包括技术设计文件、技术总结、质量检查验收报告、必要的文档簿、作业过程中形成的重要记录等)和数量等
	质量保证措施和要求	组织管理措施：规定项目实施的组织管理和主要人员的职责和权限 资源保证措施：对人员的技术能力或培养的要求，对软、硬件装备的需求等 质量控制措施：规定生产过程中的质量控制环节和产品质量检查、验收的主要要求 数据安全措施：规定数据安全和备份方面的要求
进度安排和经费预算	进度安排	划分作业区的困难类别；根据设计方案，分别计算统计各工序的工作量；根据统计的工作量和计划投入的生产实力，参照有关生产定额，分别列出年度计划和各工序的衔接计划
	经费预算	根据设计方案和进度安排，编制分年度(或分期)经费和总经费计划，并做出必要说明
附录	—	需进一步说明的技术要求，有关的设计附图、附表

2. 专业技术设计的内容

专业技术设计根据专业测绘活动的不同分为大地测量、测绘航空摄影、摄影测量与遥感、工程测量、海洋测绘、界线与不动产测绘、地理信息系统工程、地图编制、导航电子地图制作、互联网地图服务等专业技术设计。

专业技术设计书的内容通常包括概述、测区自然地理概况与已有资料情况、引用文件、成果(或产品)主要技术指标和规格、技术设计方案等部分,具体内容见表 4.3。

表 4.3 专业技术设计的内容

内容	简要说明
概述	主要说明任务的来源、目的、任务量、作业范围和作业内容、行政隶属以及完成期限等任务基本情况
作业区自然地理概况与已有资料情况	作业区自然地理概况:应根据不同专业测绘任务的具体内容和特点,根据需要说明与测绘作业有关的作业区自然地理概况,内容可包括作业区的地形概况、地貌特征,作业区的气候情况,测区需要说明的其他情况
	已有资料情况:主要说明已有资料的数量、形式、主要质量情况(包括已有资料的主要技术指标和规格等)和评价,说明已有资料利用的可能性和利用方案等
引用文件	说明专业技术设计书编写过程中所引用的标准、规范或其他技术文件
成果(或产品)主要技术指标和规格	根据具体成果(或产品),规定其主要技术指标和规格,一般可包括成果(或产品)类型及形式、坐标系统、高程基准、重力基准、时间系统,比例尺、分带、投影方法,分幅编号及其空间单元,数据基本内容、数据格式、数据精度以及其他指标等
设计方案	软、硬件环境及其要求:规定作业所需的测量仪器的类型、数量、精度指标及对仪器校准或检定的要求,规定对作业所需的数据处理、存储与传输等设备的要求,规定对专业应用软件的要求和其他软、硬件配置方面需特别规定的要求
	作业的技术路线或流程
	各工序的作业方法、技术指标和要求
	生产过程中的质量控制环节和产品质量检查的主要要求
	数据安全、备份或其他特殊的技术要求
	上交和归档成果及其资料的内容和要求
	有关附录,包括设计附图、附表和其他有关内容

子项目 2 测绘项目的目标管理

测绘项目管理目标实际上就是在规定的工期内尽量降低成本,保证测绘项目按计划进度和质量要求完成合同中约定的所有测绘任务,创造最大的经济效益和社会效益,这是总体目标。

测绘项目目标主要包括工期目标、成本目标和质量目标。

4.2.1 工期目标

工期目标就是在项目合同约定的时间内完成整个项目。工期要通过不同的工序完成,工期目标可分解为各个工序的工期目标。

4.2.2 成本目标

成本目标就是完成项目所花费的目标金额,即成本预算。在保证满足工程质量、工期等合同要求的前提下，任何项目都期望花费尽量少的成本。成本可分解为人工成本、设备折旧成本、消耗材料成本三大类。

4.2.3 质量目标

质量目标就是期望项目最终达到的质量等级。质量等级分为优、良和合格。项目的质量等级应由测绘成果质量检验部门检查验收评定。

子项目 3 测绘项目安全生产

4.3.1 测绘作业人员安全管理

1. 安全生产职责

1)测绘生产单位的职责

测绘生产单位应坚持安全第一、预防为主、综合治理的方针，遵守有关安全生产法律法规，建立、健全安全生产管理机构、安全生产责任制度和安全保障及应急救援预案，配备相应的安全管理人员，完善安全生产条件，强化安全生产教育培训，加强安全生产管理。

测绘生产单位应安排安全生产费用，用于野外人员定位系统配备、维护，野外应急食品、应急器械、应急药品支出，作业人员安全防护用品支出，安全宣传、培训、演练支出，安全生产适用的新技术、新标准、新工艺、新装备的推广应用支出，以及其他与安全生产直接相关的支出。

测绘生产单位应根据内外业作业环境、人员安全风险等级及单位实际情况等为测绘作业人员购买相应保险，进行体检等。

测绘生产单位应配备必要的人员安全保障装备，如野外安全防护装备、常用药品、应急通信设施、消防器材等。

测绘生产单位应对作业人员进行专题安全培训，如交通安全培训、消防知识培训和演练、应急救援相关培训、卫生(心理)健康培训、防疫培训等。

测绘生产单位应采用信息化手段强化安全管理，如采用短信、即时通信软件安全提醒，配备安全管理或定位软件，执行安全日报制等。

2)测绘作业单位的职责

测绘作业单位应根据本部门、各工种和作业区域的实际特点，制订安全生产操作细则，指导和规范职工安全生产作业。

测绘作业单位应设置安全员，建立相应的安全员制度，安全员应经过安全生产知识与安全管理能力培训，具备与所从事的测绘专业活动相适应的安全生产知识和管理能力。

3)测绘作业人员的职责

测绘作业人员应遵守本单位的安全生产管理制度和操作细则，爱护和正确使用仪器、设备、工具及安全防护装备，服从安全管理，了解其作业场所、工作岗位存在的危险因素及防范措施；外业人员还应掌握和了解必要的野外生存、避险等基本应急知识和技能。

2. 外业生产安全管理规定

1)出测前准备

(1)针对生产情况，应对进入测区的所有作业人员进行安全意识教育和安全技能培训，并制订安全预案。

(2)了解测区有关安全作业危害因素情况,包括但不限于自然环境、人文地理、交通、社会治安、生物(动物、植物、微生物)资源、医疗卫生、疫情等级等状况,拟订具体的安全防范措施。

(3)按规定配发劳动防护用品,根据测区具体情况添置必要的野外救生用品、药品、通信或特殊装备,并应检查有关防护用品及装备的安全可靠性。

(4)掌握人员身体健康情况,进行必要的身体健康检查,避免作业人员进入与其身体状况不适应的地区作业。

(5)应组织赴疫区、污染区、有可能散发毒性气体地区和辐射地区作业的人员学习防疫、防污染、防毒、防辐射知识,并注射相应的疫苗和配备防污染、防毒、防辐射装备。对于发生高致病的疫区,应禁止作业人员进入。特殊区域作业人员返回驻地后,应进行身体健康状况检查,必要时建立数据库。

(6)所有作业人员应熟练使用通信、导航定位等安全保障设备,并掌握利用地图或地物、地貌等判定方位的方法。

(7)生产用车前,应制订行车计划,对车辆进行安全检查,严禁疲劳驾驶。

(8)所有作业人员和车辆,应配备统一的安全管理系统。

2)行车

(1)基本要求。

——驾驶员应遵守道路交通安全有关的法律、法规,严格遵守行车安全操作规程和安全运行的各种要求,具备野外环境下驾驶车辆的技能,掌握所驾驶车辆的构造、技术性能、技术状况、保养和维修的基本知识或技能。

——驾驶员应了解所运送物品的性能,保证人员和物品的安全。运送易燃易爆危险品时,应防止碰撞、泄漏,严禁危险物品与人员混装运送。

——汽车人货混载时,应按交通运输部门的有关规定执行,严防因货伤人。货车附载临时作业人员时,严禁超过货板高度乘人。

(2)行车前的准备。

——应根据测区情况对驾驶员进行针对性安全培训。

——应编制行车计划,明确负责人。单车行驶,应配有押车人员。

——外业生产车辆应配备必要的检修工具和通信设备。

——驾驶员应检查各部件是否正常,油、水是否足够,轮胎充气是否适度,应特别注意检查传动系统、制动系统、方向系统、灯光照明等主要部件是否完好,发现故障立即检修,禁止勉强出车。

——机动车载货不得超过行驶证上核定的重量。运送的物资器材须装牢捆紧,重量应分布均匀。

——在戈壁、沙漠和高原等人员稀少、条件恶劣的地区应配备专职驾驶员或五年以上驾龄的有经验的驾驶员,采用双车作业,作业车辆应加装安全监控系统,配备适宜的轮胎,每车应有双备胎。

(3)行车。

——行车途中车上人员应系好安全带。停车休息或就餐离开车辆时,应锁好车门、关闭玻璃窗。

——夜间行车要保持灯光完好，降低行驶速度，充分判断地形及行进方向。

——遇到暴风骤雨、冰雹、浓雾等恶劣天气时应停止行车。视线不清时禁止继续行车。

——在雨、雪或泥泞、冰冻地带行车时应慢速，必要时应安装防滑链，避免紧急刹车。

——高温炎热天气行车应注意检查油路、电路、水温、轮胎气压。频繁使用刹车的路段应防止刹车片温度过高导致刹车失灵。

——高原山区行车应注意车况信息。气压低时应低挡行驶，少用制动，严禁滑行。遇到危险路段如落石、滑坡、塌陷等，应仔细观察，谨慎驾驶。

——沙土地带行车应停车观察，选择行驶路线，低档匀速行驶，避免中途停车。若沙土松软难以通过，应事先采取铺垫等措施。

——车辆穿越河流时，要慎重选择渡口，了解河床地质、水深、流速等情况，采取防范措施安全渡河。

——收测时应对车辆进行安全检查，制订行车计划，禁止夜间行车和疲劳驾驶。

——乘坐或驾驶摩托车、电瓶车应佩戴安全头盔，行驶时应注意与其他交通工具，尤其大型货车保持车距。通过十字路口时应小心通过，行驶途中避免接打电话等妨碍安全驾驶的行为。

3)饮食

(1)禁止食用霉烂、变质和被污染过的食物以及野菜、野果、野生菌菇等野生植物。禁止酗酒和暴饮暴食。不接触和不食用死、病畜肉。禁止饮用异味、异色和被污染的地表水和井水。

(2)生熟食物应分别存放，并应防止野兽、鼠等动物侵害食物。

(3)使用煤气、天然气等灶具应保证其连接件和管道完好，消除漏气和煤气中毒等安全隐患。禁止点燃灶具后人离开。

4)住宿

(1)室内住宿。

——外业作业人员借宿民房或住宾馆(招待所)时，对住宿的房屋应进行安全性检查，了解住宿环境、安全通道、消防设备位置。禁止入住存在安全隐患的房屋。

——住宿时应注意用电安全。应使用具有安全认证的电源插座和充电器，并不得超出其额定功率。避免使用同一条线路给多个大功率电池或设备充电。对超过安全容量的充电设备充电时应专人值守。便携式发电机应置于通风条件下使用，做到人、机分开，专人管理。

(2)野外宿营。

——应尽量避免野外宿营。

——必须在野外宿营时，应备好防寒、防潮、照明、通信等生活保障物品及必要消防物品。

——搭设帐篷时，应了解地形情况，选择干燥避风处，避开滑坡、雷击、崩陷、山洪、高辐射、觇标、枯树、大树、独立岩石、河边、干涸湖、输电设备及线路、虫蛇出没地等危险地带。帐篷周围应挖排水沟。在草原、森林地区，周围应开辟防火道。

——宿营地位于治安情况复杂或野兽经常出没的地区，应设专人值勤。

——应注意用火安全。严禁在仓库、木质建筑以及易燃物周围堆放可燃物或在其附近用火。

5)外业作业环境

(1)一般要求。

——应持有效证件和公函与有关部门进行联系。进入军事要地、边境、少数民族地区、林区、自然保护区或其他特殊防护地区作业时，应事先征得有关部门同意，必要时可请有关部门派人陪同。了解当地民情和社会治安等情况，遵守所在地的风俗习惯及有关的安全规定。

——进入单位、居民宅院进行测绘时，应先出示相关证件，说明情况得到允许后再作业。

——遇雷电天气应立刻停止作业，选择安全地点躲避，禁止在山顶、开阔的斜坡上、大树下、河边等区域停留，避免遭受雷电袭击。

——在高压输电线路、电网等区域作业时，应采取必要安全防范措施，避免人员和标尺、测杆、棱镜支杆等测量设备靠近高压线路，严禁使用非绝缘的标尺、测杆、棱镜支杆等。

——外业作业时，应携带所需的装备、水和药品等用品，必要时应设立供应点，保证作业人员的饮食供给。野外一旦发生水、粮和药品短缺，应及时联系补给或果断撤离。

——外业作业时，所携带的燃油应使用密封、非易碎容器单独存放、保管，防止暴晒。洒过易燃油料的地方应及时处理。

——进入沙漠、戈壁、沼泽、高山、高寒、岛礁、人烟稀少地区或原始森林地区作业前，应认真了解、掌握测区水源、居民、道路、气象、方位等情况，并及时记录。应配备必要的通信器材，保持个人与小组、小组与中队的联系；应配备必要的判定方位的工具，如导航定位仪器、地形图等；必要时可聘请熟悉当地情况的向导。

——外业测绘必须遵守各地方、各部门相关的安全规定，如在铁路和公路区域应遵守交通管理部门的有关安全规定；进入草原、林区作业必须严格遵守防火法律法规及当地的安全规定；下井作业前必须学习相关的安全规程，掌握井下工作的一般安全知识，了解工作地点的具体要求和安全保护规定。

——安全员应随时检查现场的安全情况，发现安全隐患立即整改。

——人烟稀少地区外业测绘时严禁单人夜间行动。发生人员失联时应立即寻找并尽快上报，同时与当地公安部门取得联系。

——涉外(境外)测绘时，应携带相应工作证件。严禁未经批准外出或作业。外出或作业时，须专业人员陪护，并配备通信设备。

(2)城镇地区。

——在人、车流量大的道路作业时，应穿着色彩醒目的安全警示反光马甲。必要时应设置安全警示标志牌(墩)，并安排专人担任安全警戒员。迁站时要撤除安全警示标志牌(墩)。应纵向肩扛器材行进，防止发生意外。

——作业中骑行自行车、电动车等应遵守交通规则，严禁超速、逆行、闯红灯等行为。

(3)铁路、公路区域。

——在铁路和封闭式道路作业前，应征得主管单位同意。

——沿铁路、公路作业时，应穿着色彩醒目的安全警示反光马甲。

——在电气化铁路附近作业时，应注意作业窗口期。严禁使用非绝缘标尺、测杆、棱镜支杆等。

——在桥梁和隧道附近以及公路弯道和视线不清的地点作业时，应事先设置安全警示标志牌(墩)，必要时安排专人担任安全指挥。

——工间休息时应离开铁路、公路路基，选择安全地点休息。

(4)沙漠、戈壁纵深地区。

——应配备卫星电话、容水器、绳索、地图资料、导航定位仪器、风镜、药品、色彩醒目的工作服和睡袋等。

——在距水源较远的地区作业时,应制订供水计划,必要时可分段设立供水站。

——应随时注意天气变化,防止沙漠寒潮和沙暴的侵袭。

(5)沼泽地区。

——应配备卫星电话、色彩醒目的工作服、必要的绳索、木板和长约 1.5 m 的探测棒。

——过沼泽地时,应组成纵队行进,禁止单人涉险。遇到繁茂绿草地带应绕道而行。陷入沼泽时应沉着冷静,及时采取妥善的救援、自救措施。

——应注意保持身体干燥清洁,防止皮肤溃烂。

(6)人烟稀少地区或草原、林区。

——在人烟稀少地区或草原、林区作业时应携带手持导航定位仪器及地形图,着装要扎紧领口、袖口、衣摆和裤脚,防止蛇、虫等叮咬。要特别注意配备防止蛇、虫叮咬的面罩及药品,并注射森林脑炎疫苗。

——行进路线及点位附近,均应留下能为本队人员所共同识别的明显标志。

——禁止夜间单人外出。特殊情况确需外出时,应两人以上结伴出行,详细上报去向,并携带电源充足的照明和通信器材,保持随时联系;同时,宿营地应设置灯光引导标志。

(7)高原、高寒地区。

——进入高海拔区域前要进行气候适应训练,掌握高原基本知识。

——应配备防寒装备和充足的给养,配置氧气袋(罐)及高原反应防治专用药品,有条件时可配备高原医生,注意防止感冒、冻伤和紫外线灼伤。在高海拔区域一旦发生高原反应、感冒、冻伤等疾病时,应立即采取有效的救助措施,及时撤离高原地区送治。

——在冰川、雪山作业时应选择合适的时间、气象条件,作业时应戴雪镜、穿色彩醒目的防寒服、配备卫星电话。

——应按选定路线行进,遇无路情况,应选择缓坡迂回行进。遇到悬崖、绝壁、滑坡、崩陷、积雪较深及容易发生雪崩等危险地带时应该绕行,无安全防护保障不得强行通过。

——在高原、高寒地区作业前应制订针对性的应急预案,配备专用的应急救援车辆。

(8)涉水、渡河。

——涉水、渡河前,应观察河道宽度,探明河水深度、流速、水温及河床砂石等情况,了解上游水库和电站放水情况及最近上游降雨情况。根据以上情况选择安全的涉水地点,并应做好涉水时的防护措施。严禁从有流水的滚水坝上过河。

——水深在 0.6 m 以内、流速不超过 3 m/s,或者流速较大但水深在 0.4 m 以内时允许徒涉。水深过腰,流速超过 4 m/s 的急流,应采取保护措施涉水过河,禁止独自一人涉水过河。

——遇水深较深、流速较大的河流,应绕道寻找桥梁或渡口。通过轻便悬桥或独木桥前,应检查木质是否腐朽,可通过时应视情况采取逐人通过、架防护绳等措施。

——骑牲畜涉水时,一般只限于水深 0.8 m 以内,同时应逆流斜上,不应中途停留。要了解牲畜的水性,必要时给牲畜蹄采取防滑措施。

——乘小船或其他水运工具时,应检查其安全性能,并雇用有经验的水手操纵,严禁超载。

——暴雨过后应特别注意山洪、泥石流,严禁在无安全防护保障的条件下和河流暴涨时渡河。

(9)水域作业。

——作业人员应穿救生衣,避免单人上船作业。

——应选择租用配有救生圈、绳索、竹竿等安全防护救生设备和必要的通信设备的船只，行船应听从船长指挥。

——租用的船只应满足平稳性、安全性要求，并具有营业许可证。雇用的船工应熟悉当地水性并有载客的经验。

——风浪太大时段不能强行作业。水流湍急地段要根据实地具体情况采取相应安全防护措施后方可作业。

——海岛、海边作业时，应注意涨落潮时间。

——海上码头、港口作业时，应安排专人在船头进行安全监控，协助船长航行，防止发生碰撞；严禁单人外出下水作业。因船体空间狭小出舱活动时，应穿救生衣、戴安全头盔、系安全绳，避免磕碰或落水。

——海上航行作业过程中有人员发生严重晕船反应且有可能影响人身安全时，应尽快安排其离船并就医。

——应避免海上作业夜晚留宿，必须留宿时应选择附近港口内湾或浪小、水流稳定的区域抛锚，并在船体四周吊挂闪烁警示灯。

(10)地下有限空间作业。

——未经相关管理部门批准或履行相关测绘作业手续，禁止进入情况不明的地下有限空间作业，包括地下管道、矿井、地下隧道等。严禁进入不符合安全条件的地下有限空间开展测绘作业。

——地下有限空间作业人员应进行安全培训，佩戴防护帽、安全灯，身穿安全警示工作服，配备通信设备，并保持与地面人员的通信畅通；作业前应对安全防护设备、应急救援设备、作业设备和工具等进行安全检查并更换存在安全隐患的设备。

——进行地下有限空间作业前，应在地面或入口设置安全隔离警示标志装置，并采取有效措施隔离阻断危害作业安全的气体、液体、物品或装置、人员、设备等进入作业区域，并安排专人担任安全警戒员；夜间作业时，应设置安全警示灯光设备。

——在地下有限空间作业，实地调查或施放探头、电极导线时，严禁明火，并应使用经检定合格的设备进行有害、有毒及可燃气体的浓度测定，有害、有毒及可燃气体超标时应打开连续的三个井盖排气通风半小时以上，经批准及采取保护措施后方可进入。

——严格禁止在易燃、易爆管道上做充电点进行直接法或充电法作业；用于测量的测距仪、陀螺经纬仪和电池等设备，应具备防爆性能。

——使用大功率电气设备时，作业人员应具备安全用电和触电急救的基础知识。工作电压超过 36 V 时，供电作业人员应使用绝缘防护用品，接地电极附近应设置明显警告标志，并设专人看管。雷电天气应严禁使用大功率仪器设备作业。井下作业的所有电气设备外壳都应接地。

——作业中应严格按相应作业安全操作规程进行，对人员核查、气体检测、作业设备检核等关键环节应设立专门检核登记控制流程或制度，作业人员应严格执行安全管理人员要求，随时保持通信畅通，发生任何可能危及作业人员安全的事件时应立即撤离。

——作业完毕后应迅速撤离作业区域，及时清点人员、测量工具、安全保护装置、设备等，确保作业区域无人时撤离安全隔离警示标志装置及有关作业安全举措。

——进入相关企事业单位厂区进行地下有限空间作业时，应遵守相应企业安全防护规定及要求。

——地下有限空间作业发生异常情况时，应在保障救援安全的情况下采取施救措施，并及时上报有关部门，严禁盲目施救、谎报、瞒报、不报。

(11)高空作业。

——患有心脏病、高血压、癫痫、眩晕、深度近视、恐高等高空禁忌症以及酒后人员禁止从事高空作业。

——现场作业人员应佩戴安全防护带和防护帽，不得赤脚。作业前，应认真检查攀登工具和安全防护带，保证完好。安全防护带要高挂低用，不能打结使用。

——应事先检查树、杆、梯、站台以及觇标等各部位结构是否牢固，有无损伤、腐朽和松脱，存在安全隐患的应经过修补正常后才能作业。到达工作位置后要选坚固的枝干、桩作为依托并扣好安全防护带后再开始作业；返回地面时严禁滑下或跳下。高楼作业时，应了解楼顶的设施和防护情况，避免在楼顶边缘作业。

——传递仪器和工具时，禁止抛投。使用的绳索应结实，滑轮转动灵活，禁止使用断股或未经检查的绳索，防止脱落伤人。

——造(维修)标、拆标工作应由专人统一指挥，分工明确，密切配合；在行人通过的道路或居民地附近造(维修)标、拆标时，必须将现场围好，悬挂"危险"标志，禁止无关人员进入现场。作业场地半径不得小于 15 m。

(12)地铁作业。

——在地铁停止运营后的深夜进行监测作业。作业前应提出申请，经过地铁运营方同意并安排好时间后才可进行。

——应由地铁运营方专人带领，戴安全头盔，穿绝缘鞋，携带仪器进入地铁运行空间内部进行作业。

——作业前应对所有人员、带入设备进行照相清点。在作业工段两头设置安全警示信号灯。

——作业期间如需动火动电必须经过专业人员批准。

——作业完成后，应检查核对所有带入物品完全带出，不能遗留任何物品在地铁轨道上，以免对地铁运行造成安全隐患。

——参与地铁作业的作业人员应固定，核对身份信息无误后才可进行。应遵守地铁运营方其他相关安全管理要求。

(13) 南北极地区。

——南北极地区装载卸货时应注意与起重吊车保持安全距离。采用雪地车转运货物至考察站时，应注意行车路线避开冰裂缝。

——外出时应提防鸟类如贼鸥的偷袭。北极测绘应注意防熊，可用枪支或采用易于携带的熊喷。

——极地气候多变，外出作业要多关注气候变化，备足至少作业时长两倍的补给。随身携带一些巧克力或糖果以备不时之需。

——极区常年大风，应特别注意室内防火。

——室内空间有限，上下楼梯及体育活动时应注意自身安全，防止摔碰伤。

——乘坐小艇外出时，应听从安排，注意涨落潮时间。上岸时应固定好小艇，防止冰山崩塌引起的冰山海啸冲走小艇。

——建议南北极测绘作业人员携带足够自用药品。

——从极昼转入极夜时，由于久不见阳光，极易对人心理造成影响，可适度进行心理疏导，防止心理疾病产生。

(14)机场作业。

——进出机场应出示机场方经过安全审核后提供的相关证件。作业人员凭证件执行安检程序进出机场。

——应遵守机场相关安全规定，进入机场区域禁止携带火种、大容量充电宝等设备。

——作业人员在机场内的活动，应严格按照地面警示线、导航线或场内指示牌标识来进行，禁止随意走动，以免影响机场内部飞行器正常作业，造成安全事故的发生。

——飞行器启动后，飞行器外的作业人员与飞机保持安全距离，不得站立在飞行器正前方扇形区域及正后方强风区域。

——安装在飞行器上的航摄仪需要进行通电测试、维护、调试且需要长距离接驳电源时，应注意用电安全，通电前认真检查整条电路电线外包绝缘胶的完整性。

(15)文物测绘。

——进入文物测绘现场作业时，应保障作业现场通风，防止有毒气体伤害。

——因作业需要接触文物时，应佩戴手套、口罩等防护装备，防止霉菌伤害，保护文物安全及自身健康。

——进入文物测绘现场作业时，应注意观察工地有无地面塌陷及边壁坍塌等危险源，并防止地面湿滑摔倒。

3. 内业生产安全管理规定

1)作业场所

(1)照明、噪声、辐射等环境条件应符合作业要求。

(2)计算机等生产仪器设备的放置，应减少放射线对作业人员的危害。各种设备与建(构)筑物之间，应留有满足生产、检修需要的安全距离。

(3)作业场所中不应随意拉设电线，谨防电线、电源漏电。应使用具有安全认证的电源插线板且不得超额定功率使用。计算机、通风、取暖、空调、照明等用电设施要有专人管理、定期检修。

(4)人员密度较大且面积大于 100 m^2 的作业场所的安全出口应不少于两个，并严禁堵塞、占用疏散通道和安全出口。安全出口、通道、楼梯等，应设明显标志和应急照明设施。

(5)作业场所应按照国家标准、行业标准配置消防设施、器材，设置消防安全标志。小于 40 m^2 的重点防火区域，如资料、档案、设备库房等，也应配置灭火器具。应定期进行消防设施和安全装置的有效期和能否正常使用检查，保证安全有效。

(6)作业场所应配置必要的安全(警告)标志，如配电箱(柜)警告标志、资料重地严禁烟火标志、严禁吸烟标志、119 火警电话标志、120 急救电话标志、安全应急示意图、上下楼梯警告线，以及生产区玻璃隔断墙安全警告线等警示标志，且保证标志完好清晰。

(7)要及时消除火灾隐患。禁止在生产作业场所吸烟、就餐。禁止使用明火或明火取暖。使用电器取暖，不用时应切断电源。长时间不用的设备应断开电源。

(8)作业区禁止堆放与工作无关的物品。严禁携带易燃易爆物品进入生产和办公区。

外业测区需要集中进行内业生产时，作业场所的要求参照以上执行。

2）安全操作

（1）测绘生产仪器设备应有专人管理，同时要建立有关的检查、维护、使用以及定期保养等制度，禁止超负荷用电和仪器设备带故障运行。

（2）各种仪器设备的安装、检修和使用，应符合安全要求。凡对人体可能构成伤害的危险部位，都要设置安全防护装置。所有电力动力设备，应按照规定埋设接地网，保持接地良好。

（3）作业人员应熟悉仪器设备操作规程，严格按规程操作。作业前要认真检查所要操作的仪器设备是否处于安全状态。未经批准，他人不得动用各类仪器设备；特种作业人员应持证上岗。

（4）禁止用手或金属物件接触仪器设备裸露的通电部分。禁止用湿手拉合电闸或开关电钮。擦拭、检修仪器设备应首先断开电源，并在电闸处挂置明显警示标志。修理仪器设备，一般不准带电作业，由于特殊情况而不能切断电源时，应采取可靠的安全措施，并且有两名电工现场作业。

（5）因故停电时，凡无不断间电源（UPS）用电防护设施的仪器设备，应立即断开电源。

4．安全事故应急处置

1）一般原则

坚持以人为本的原则，确保发生事故后立即采取有效措施，组织抢救，防止事故扩大和滋生次生事故，最大限度减少伤亡和财产损失。

2）食品卫生

（1）现场人员应视情况予以现场救援。如发生口服危害物非强酸、强碱或其他腐蚀物，又清醒合作的情况，可立即助其饮水2～3碗，至感觉饱满为度；随即用手刺激其咽部与舌根，引起迷走神经兴奋而发生呕吐，将危害物吐出。

（2）现场人员在开展现场救援的同时，应立刻联系车辆或拨打120，及时将事故者送往医院治疗。

（3）现场人员应及时向测绘单位安全应急领导小组报告并按指示开展后续工作。

3）交通事故

（1）现场人员应视情况开展现场救援，同时应立即联系车辆或拨打120，及时将伤者送往医院抢救。

（2）现场人员应注意保障自身安全，保护事故现场，立即向交警部门报案。因特殊情况需要改变现场的，做好标记，尽可能找到证明人，取得联系方式。

（3）现场人员应及时向测绘单位安全应急领导小组报告并按指示开展后续工作。

4）触电

（1）发现有人触电，现场人员在保障自身安全的情况下，应尽快帮助触电者脱离电源。具体做法包括：

——切断电源，将出事附近电源开关刀拉掉，或将电源插头拔掉。必要时可用绝缘工具，如带有绝缘柄的电工钳、木柄、斧头以及锄头等，切断电源线。

——用干燥的绝缘木棒、竹竿、布带等物将电源线从触电者身上剥离，或者将触电者脱离电源。

——救护人可戴上手套或在手上包缠干燥的衣服、围巾、帽子等绝缘物品拖拽触电者。

——若触电者由于痉挛手指紧握导线或使导线缠绕在身上，救护人可先将干燥的木板塞进触电者身下，使其与地绝缘来隔断入地电流，然后再采取其他办法把电源切断。

(2)现场人员帮助触电者脱离电源后应视情况立刻开展施救。现场人员在开展现场救援的同时，应联系车辆或拨打120，及时将触电者送往医院抢救。

(3)现场人员应及时向测绘单位安全应急领导小组报告并按指示开展后续工作。

5)动物伤害

(1)被猫狗咬伤时的应急处理方法。

——用绳带等在距伤口上下方5 cm处紧紧勒住，用火罐等将伤口内的毒血吸出。

——用清水、20%中性肥皂水或0.1%新洁尔灭溶液反复冲洗伤口，至少半小时，必要时切除被咬的浅表组织。冲洗后，用70%酒精涂擦局部，禁止包扎、缝合伤口。

(2)被毒蛇咬伤时的应急处理方法。

——伤员应就地休息，不要惊慌乱跑，减少体力消耗，防止毒素扩散。

——用绳带、手帕在伤口近心端5～10 cm处勒住，以阻断混有毒素的静脉血、淋巴液回流，结扎后每20～30 min放松1～2 min，防止肢体因缺血坏死。

——立即用冷开水、肥皂水冲洗伤口，有毒牙应拔出。

——用火烧消毒小刀，在伤口处切开一个"十"字形伤口，只切到皮下，不宜过深，再在伤口周围皮肤上开小口子，促使毒液外排，然后用拔火罐、吸引器、无伤口的口腔反复吸取伤口毒液，同时挤压伤处以加速排毒。

——用冰块、冰水冷敷伤口周围，可减缓毒素扩散。

——按要求使用蛇药，也可用半边莲、鬼针草、白菊花、金银花、雄黄、大蒜等草药治疗。

(3)被马蜂、火红蚁等叮蛰时的应急处理方法。

——视情况可用肥皂水清洗，并涂抹清凉油或皮康霜。

——若伤口出现脓包，不要弄破脓包，防止二次感染。

——如出现过敏反应，出现发热、头晕现象时应到医院就诊。

(4)现场人员在开展现场应急救援的同时，应联系车辆或拨打120，及时将伤者送往医院。

(5)现场人员应及时向测绘单位安全应急领导小组报告并按指示开展后续工作。

6)高空坠落

(1)现场人员应视情况开展现场救援，抢救的重点应放在对休克、骨折和出血的处理。

——发生高处坠落事故，应马上组织抢救伤者，首先观察伤者的受伤情况、部位、伤害性质，如伤员发生休克，应先处理休克。遇呼吸、心跳停止者应立即进行人工呼吸、胸外心脏按压。处于休克状态的伤员，要让其安静、保暖、平卧、少动，并将下肢抬高20度左右，尽快送医院进行抢救治疗。

——出现颅脑损伤，必须维持呼吸道通畅。昏迷者应平卧，面部转向一侧，以防舌根下坠或分泌物、呕吐物吸入，发生喉阻塞。有骨折者，应初步固定后再搬运。遇到凹陷骨折、严重的颅底骨折及严重的脑损伤症状出现时，创伤处用消毒的纱布或清洁布等覆盖伤口，用绷带或布条包扎后，及时送就近有条件的医院治疗。

——发现脊椎受伤者，创伤处用消毒的纱布或清洁布等覆盖伤口，用绷带或布条包扎好。搬运时将伤者平卧放在帆布担架或硬板上，以免受伤的脊椎移位、断裂造成截瘫，导致死亡。抢救脊椎受伤者，搬运过程中，严禁只抬伤者的两肩与两腿或单肩背运。发现伤者手足骨折，不要盲目搬动伤者，应在骨折部位用夹板把受伤位置临时固定，使断端不再移位或刺伤肌肉、神经和血管。固定方法为：以固定骨折处上下关节为原则，可就地取材，如木板、竹头等；在无材料的情况下，上肢可固定在身侧，下肢与健侧下肢缚在一起。

(2)现场人员在开展现场救援的同时，应联系车辆或拨打120，及时将坠落者送往医院抢救。

(3)现场人员应及时向测绘单位安全应急领导小组报告并按指示开展后续工作。

7)中暑

(1)当有人发生中暑时，现场人员应立即采取紧急措施，对中暑人员进行救治。

——立即将患者移到通风、阴凉、干燥的地方，如走廊、树荫下休息。

——尽快用物理方法降温，使体温下降到38℃以下。让病人仰卧，解开衣扣，脱去或松开患者的衣服。如果衣服已经被汗水湿透，应更换干净衣服，同时打开电扇或空调，以尽快散热。

——经过降温处理后意识清醒，可以给患者服用绿豆汤、淡盐水等解暑食物和饮料。

——可在额部、颞部涂抹清凉油、风油精等，或服用人丹、十滴水、藿香正气水等中药。

(2) 如果中暑者出现昏迷症状，可针刺人中、十宣穴等人体穴位，现场人员在开展现场救援的同时，应联系车辆或拨打120，及时将严重患者送往医院抢救。

(3)现场人员应及时向测绘单位安全应急领导小组报告并按指示开展后续工作。

8)雪崩

(1)避免大雪刚过或者连续几场雪后上山；必须穿越时，应选择十点以后。作业时应留意雪崩先兆，如冰雪破裂声或低沉的轰鸣声，雪球下滚或仰望山上见有云状的灰白尘埃。在高寒雪山行进和休息时，严禁大声说话，避免因空气震动触发雪崩。

(2)如遇雪崩，应向山坡两边或地势较高的地方逃生，逃生时应抛弃所负仪器物品，加快逃生速度。

(3)遇到雪崩无法逃生时，应闭口屏气，防止气浪伤害。雪崩强度不大时，应抓紧近旁稳固物，如矗立岩石、树木等，待冰雪泄完脱险。被雪崩冲下山坡时，应尽力爬上雪堆表面，平躺，用爬行姿势在雪崩面底部活动，休息时宜在身边造一个大的洞穴。

(4)崩雪凝固前，应尝试到达崩雪表面，增大逃生机会。被崩雪掩埋，应奋力破雪而出，避免雪崩停止数分钟后碎雪凝成硬块导致手脚活动困难，降低逃生机会。崩雪雪堆过大，一时无法破雪而出时，应双手抱头活动，创造最大的呼吸空间，让口中的口水流出，确定自己的真实上下方位，然后往上方破雪自救。

(5)遇险无法自救时，应尽快与测绘单位安全应急领导小组报告并取得联系，报告自己的方位和险情，寻求救援。

9)火灾

(1)外业点篝火或使用炉具时，应派专人看管，用毕应熄灭火源，宜用沙土覆盖，避免死灰复燃。

(2)建炉灶时应选择避风和距水源较近地方，并准备一桶水。若发生火灾，可迅速取水灭火。

(3)在草木较多的地方用火，应将周围的草木清理干净，在四周开出2 m左右的防火道，避免火星飞溅。

(4)风力较强时，应在避风的沟、坎下面点火，或修建防风墙，避免强风吹散火堆，或将火苗吹出引起火灾。

(5)发生火灾,应使用消防设备或就近取水灭火。周围无水源时,应用麻袋、衣服和沙土等将燃烧物盖住,隔离氧气灭火。

(6)燃烧面积较大、小规模救火措施无效时,应顺风跑出一段距离,除去草、木等可燃物,开辟防火隔离带。

(7)内业火灾初起时,应立即组织力量扑救,并拨打119报警。

10)山洪泥石流

(1)山洪泥石流多发季节,应及时收听相关预警预报,并采取防范措施。

(2)及时认真收听天气预报,同时根据山洪泥石流前兆进行判断。

——看。河(沟)床中正常流水突然断流或洪水突然增大并伴有较多的柴草树木时,河(沟)上游极大概率已形成泥石流。

——听。深谷或沟内传来类似火车轰鸣声或闷雷声,极大概率正在形成泥石流。另外,沟谷深处变得昏暗并伴有轰鸣声或轻微的震动声,极大概率沟谷上游已发生泥石流。

(3)泥石流防范。

——在泥石流多发地区出测前要留意暴雨预警预报,选好躲避路线,留心周围环境,警惕周边土石崩落、洪水咆哮等异常声响,做好防范准备。

——上游地区作业人员,如发现泥石流征兆,应设法立即通知泥石流可能范围内下游作业人员。

——在沟谷内作业遇到大雨、暴雨时,应迅速转移到安全高地,严禁在低洼谷底或陡峻山坡下躲避、停留。

——泥石流袭来时,应向与泥石流方向垂直的两边山坡上面爬,且不要停留在凹坡处。

——严禁在泥石流中横渡。

(4)遇险无法自救时,应尽快与测绘单位安全应急领导小组取得联系,报告自己的方位和险情,寻求救援。

4.3.2　测绘仪器设备安全管理

1. 测绘仪器设备管理制度

1)设置仪器管理员

根据单位仪器设备的具体情况,设置专门的仪器管理人员,负责仪器设备的保管、维护、检校和维修等。

2)仪器设备管理规定

根据单位仪器设备的情况,建立仪器设备的保管、维护、检校、维修、借用、出租、使用、报废等管理规定。

3)建立技术档案

对每台仪器设备应建立其技术档案,内容包括仪器设备的规格、性能、精度、检校记录、维修记录和维护保养记录。

4)仪器设备登记手续

对仪器设备的借用、出租、转借、调拨、大修、报废、出入库等应有登记手续。

5)仪器设备专人使用

仪器设备应由专人使用、管理,使用人员需经过基本培训,掌握仪器设备的功能和使用方法。为防止仪器损坏,严禁未经培训的人员使用仪器设备。

6)仪器设备专库存放

设置专库存放仪器设备,要求环境干燥、通风、防潮、防尘、防火。

2. 测绘仪器设备的使用

1)领仪器

领仪器时要检核仪器,检核箱盖是否关好锁好,背带和提手是否结实牢固,脚架与仪器是否配套,脚架各部件是否完好,其他器材和附件是否齐全。

2)开箱

仪器开箱前应将仪器箱平放在地上,严禁手提或怀抱着仪器开箱。仪器在箱中取出前,应松开各制动螺旋,并观察仪器放置位置状态。提取仪器时要用手托住仪器的基座,另一手握持支架,将仪器轻轻取出,严禁用手提望远镜和横轴。仪器及所用部件取出后,应及时合上箱盖。仪器箱放在测站附近,严禁踩、坐、压仪器箱。

3)装箱

作业完毕后,应将所有微动螺旋退回到正常位置,并用擦镜纸或软毛刷除去仪器上表面的灰尘。然后卸下仪器双手托持,按出箱时的位置放入原箱。仪器放入箱后应先试盖一次,若无法盖箱,须重放仪器,严禁强力盖箱。盖箱前应将各制动螺旋轻轻旋紧,检查附件齐全后可将仪器箱关妥,并扣紧锁好。

4)架设

伸缩式三脚架三条腿抽出后,要把螺旋拧紧。安置脚架时,高度要适中,架头要放平,三脚架腿分开要适中。若在斜坡地面上架设,应使两条腿在坡下方,另一条腿在坡上方。在光滑地面架设,要采取安全措施,可用细绳把三脚架拴住,防止脚架滑动,摔坏仪器。脚架安放妥当并将仪器放到脚架头上后,应立即旋上仪器与脚架间的中心连接螺旋。

5)连接

所有仪器连接外部设备时,应注意相对应的接口、电极连接是否正确,确认无误后方可开启主机和外围设备。拔插接线时不要抓住线就往外拔,应握住接头顺方向拔插。盘线时不要弯折,应盘成圈收藏,以免各类连接线被折断而影响工作。

6)守护

作业过程中,仪器旁边必须有人守护,以免丢失或行人、车辆、牲畜等碰坏仪器。仪器在野外使用时应防止暴晒和雨淋,必要时应持伞保护。

7)搬站

仪器搬站时可视搬站的远近、道路情况以及周围环境等决定仪器是否要装箱。搬站时应把仪器的所有制动螺旋略微拧紧,但不要拧得太紧。平坦地区短距离搬站时,对于一般仪器,可收拢三脚架放在腋下,一手抱住脚架,另一手托住基座和照准部;对于精密仪器,应将三脚架撑开,用肩托住三脚架内部顶板,使仪器保持垂直。严禁将三脚架收拢后把仪器扛在肩上迁移。对于远距离或通过行走不方便的地区,应将仪器按要求装箱后搬迁。

8)清洁

应保持仪器光学元件清洁,如沾染灰尘必须用毛刷或柔软的擦镜纸清除。禁止用手指抚摸仪器的任何光学元件表面。清洁仪器透镜表面时，需先用干净的毛刷扫除灰尘，再用干净的无线棉布沾酒精由透镜中心向外一圈一圈轻轻地擦拭。除去仪器箱上的灰尘时切不可用任何稀释剂或汽油，应用干净的布块沾中性洗涤剂擦洗。

3. 测绘仪器设备的安全搬运

1)长途搬运

长途搬运仪器时，首先把仪器装入仪器箱内，再把仪器箱装在专供转运用的木箱内，并在空隙处填充泡沫、海绵、刨花或其他防震物品。装好后将木箱或塑料箱盖子盖好。需要时应用绳子捆扎结实。无运输的木箱或塑料箱的仪器不能办理托运时，应由使用人亲自携带。

2)短途搬运

在整个转运过程中，要做到人不离开仪器。如乘车，应将仪器放在松软物品上面用手扶着；在颠簸厉害的道路上行驶时，携带者应将仪器抱在怀里。

仪器搬运时，应注意轻拿、轻放、放正，不得挤压，无论天气晴雨，均要事先做好防晒、防雨、防震等保护措施。

4. 测绘仪器的三防措施

应按不同仪器的性能要求采取必要的防霉、防雾、防锈(简称“三防”)措施，确保仪器处于良好状态。

1)测绘仪器防霉措施

(1)外业三防。每日收装仪器前，应将仪器光学零件外露表面清刷干净后再盖镜头盖；仪器外壳有通孔的，用完后须将通孔盖住；仪器箱内放入适当的防霉剂；一般情况下，6 个月(湿热季节或湿热地区 1～3 个月)应对仪器的光学零件外露表面进行一次全面的清擦。

(2)内业三防。每台内业仪器必须配备仪器罩；对作业中的仪器，每周应对仪器外表进行清擦；一般每年(湿热季节或湿热地区 6 个月)须对仪器未密封的部分进行一次全面的清擦。

(3)检修三防。对所修理的仪器外表和内部必须进行一次彻底的清擦，对产生霉斑的光学零件表面必须彻底除霉，使仪器的光学性能恢复到良好状态；修复的仪器装配时须对仪器内部的零件进行干燥处理，并更换或补放仪器内腔的防霉药片；修复装配后，必须密封的仪器部位，应恢复密封状态。

(4)保管三防。保管室内必须清洁防尘，相对湿度应控制在 70%以下；仪器箱内应放适量防霉剂，并将仪器置于仪器箱内密封保管；对于带电器装置的仪器在保管期内应在 1～3 个月内通电干燥一次；一般情况下，每年应对所保管的仪器的光学零件外露表面进行一次全面清擦检查，发现霉斑应及时清除，且在雨季过后应立即增加一次清擦。

2)测绘仪器防雾措施

(1)外业三防。每次清擦完光学零件表面后，再用干棉球擦拭一遍，以便除去表面潮气；调整或操作仪器时，勿用手心对准光学零件表面；一般情况下，6 个月(湿热季节或湿热地区 3 个月)须对仪器的光学零件外露表面进行一次全面清擦；防止人为破坏仪器的密封造成潮气进入仪器内腔和浸润光学零件表面。

(2)内业三防。防止人为破坏仪器的密封造成潮气进入仪器内腔和浸润光学零件表面；避免仪器运转时将油脂挤压或拖粘于光学零件表面上；一般每年(湿热季节或湿热地区 3～6 个月)应对仪器外表进行一次全面清擦，并用 300～500 W 电吹风机烘烤光学零件外露表面(温度不得超过 60℃)；一旦发现水性雾，应用烘烤或吸潮的方法清除，发现油性雾应用清洗剂擦拭干净并进行干燥处理。

(3)检修三防。对光学零件外露表面上出现的雾迹进行彻底清除;除雾后或新配置的光学零件表面须用防雾剂进行处理;严禁使用吸潮后的干燥剂;光学镜头盖内须垫适量脱脂棉。

(4)保管三防。保管室内应配备除湿装置;长期不用的仪器外露光学零件,经干燥后垫一层干燥脱脂棉,再盖镜头盖;一般情况下,每年应对仪器的光学零件外露表面进行一次彻底清擦和检查,发现有雾迹产生应及时清除,且在雨季过后应及时增加一次清擦。

3)测绘仪器防锈措施

(1)外业三防。每日收装仪器前,应检查金属裸露面的临时保护层是否完好,如有缺陷须及时补涂;测区作业终结收测时,将金属外露面的临时保护油脂全部清除干净,涂上新防锈油脂;外业仪器防锈用油脂,除具有良好的防锈性能以外,还应具有优良的置换性,并应符合挥发性低、流散性小的要求;一般情况下,6 个月(湿热季节或湿热地区 1～3 个月)须对仪器外露表面的润滑防锈油脂进行一次更换。

(2)内业三防。根据仪器的润滑防锈要求和说明书用油规定,选择适用于不同配合间隙、不同运转速度和不同轴线方向的油脂;一般每年(湿热季节或湿热地区 6 个月)须将仪器所用临时性防锈油脂全部更换一次,如发现锈蚀现象,必须立即除锈,并分析锈蚀原因,及时改进防锈措施;仪器相对运动部位的润滑油脂应按仪器技术要求规定和油脂的使用期限定期更换。

(3)检修三防。必须将原用油脂彻底清除,通过干燥处理后,涂抹新的油脂进行防锈;必须对长锈部位除锈,除锈时应保持原表面粗糙度数值;对金属裸露表面清洗或除锈后,必须进行干燥处理;对有运动配合的部位涂防锈油脂后必须来回运动几次,并除去挤压出来的多余油脂。

(4)保管三防。保管期用的油脂必须具有优良的防锈性能;对非成保护膜型防锈油脂,涂抹后应用电容器纸或防锈纸等封盖;保管室不能保证满足恒温恒湿的要求时,须做到通风、干燥、防尘;一般情况下,每年彻底更换一次外露金属表面的防锈油脂,并且最好在雨季到来前进行。

4.3.3 测绘地理信息数据安全管理

1. 基础地理信息数据管理与保护

基础地理信息数据是在基础测绘生产活动中形成的、以数字形式存在的、关于地球表面自然地理形态和社会经济概况的基础信息数据,包括大地测量数据、摄影测量与卫星遥感数据、数字地图数据(如数字线划图、数字栅格图、数字高程模型、数字正射影像图、土地覆盖数据、专题地图数据等)、地名数据、基础地理信息数据库、专题数据库等,以及上述数据的元数据。对基础地理信息数据的安全保护,除了数据安全生产外,还包括数据的归档、移交、拷贝、保管、维护、使用、运输与销毁的全部过程。

1)归档内容

(1)基础地理信息数据成果。基础地理信息数据应包含最终数据成果、重要阶段性数据成果、重要原始数据成果和数据说明文件。如数据成果包含元数据,应随同数据成果一起归档。数据说明文件应包含数据背景、数据组织、应用方式及联系方式。

(2)文档材料。文档材料应包含项目立项文件、项目实施文件、项目总结文件及项目成果文件。文档材料有电子文件形式的,应一并归档。

(3)相关软件。在基础地理信息数据成果形成过程中开发的特定数据管理软件,应随同数据成果一起归档。如有演示软件,也应与数据一起归档。相关软件归档时,与软件相关的技术手册、使用手册等有关材料应同时归档。

(4)档案目录数据。归档时应同时提交与归档材料相关的档案目录数据。

2)归档要求

(1)档案形成单位应在项目完成后两个月内完成归档。

(2)基础测绘数据成果应与文档材料一同归档。

(3)归档的基础地理信息数据应为最终版本。

(4)归档后,如果档案形成单位又对基础地理信息数据成果进行了更新(即补充或完善),应将更新后的数据成果及时归档,以替换原归档的数据成果。

(5)文档材料归档一份,数据成果复制品归档两份。

(6)归档数据成果和相关软件,一般不压缩、不加密。如进行了压缩和加密,应将解压缩软件和密钥、加密和解密软件同时归档。

3)归档检验

档案形成单位和接收单位须对归档材料进行检验,并填写《基础地理信息数据建(归)档检验登记表》,一式两份,双方各持一份。

4)移交手续

归档材料移交,需办理相关手续。档案形成单位须填写《基础地理信息数据档案移交文据》,经交接单位双方签字盖章后,一式两份,双方各持一份。

5)归档介质

(1)归档的两份数据档案应采用相同类型和型号的归档介质。

(2)同一项目的数据档案应存储在同种载体介质上。

(3)归档的介质应有标识,可视标签大小依次选标档号、条形码、密级、题名、运行环境等,但至少应标注档号、条形码和密级。

6)拷贝要求

(1)两份归档数据成果的组织结构、数据格式、成果形式、存放内容、操作平台、拷贝方法等应完全相同。

(2)当数据档案管理单位认可磁带作为归档介质时,应指定读写磁带的操作系统类型、备份软件(或命令)。

(3)数据档案管理单位应指定备份方式。原则上,数据档案应采取单盘方式拷贝(各介质可独立进行数据读取),特殊情况下也可将整体数据以整卷的方式备份在多个介质上。

7)工作环境

(1)工作环境应符合《数据中心设计规范》(GB 50174—2017)的要求。

(2)在工作前,放置在储存环境下的光盘必须在工作环境中放置至少 2 小时。

(3)在工作前,放置在储存环境下的磁带必须在工作环境中放置至少 24 小时。

8)存储环境

(1)温度选定范围:17℃～20℃。相对湿度选定范围:35％～45％。

(2)库房及装具应使用耐火材料,库房内及附近不得有易燃物品,库房内不得有明火,并配有 CO_2 型灭火器。

(3)库房内的设备要避免水淹,介质架底层搁板应高于地面 30 cm。

(4)磁带应放在距钢筋房柱或类似结构物 10 cm 以外处,以防雷电经钢筋传播时产生的磁场损坏载体上的信息。

(5)磁带与磁场源(包括永久磁铁、马达、变压器等)之间的距离不得少于 76 mm。

(6)不得将任何磁性材料及其制品(包括磁化杯、保健磁铁、磁铁图钉等)带入库房。

(7)库房应远离强磁场。

(8)库房应有必要的磁屏蔽装置和检测措施。配备测磁设备,以检测隐蔽的磁场。

(9)库房门窗应有密闭措施。库房内应尽量减少灰尘对环境的污染。介质装具应洁净无尘。

(10)库房内无腐蚀性气体,并保证通风良好。

(11)库房内照明应采用防爆、防紫外线灯具。不允许有紫外线直接照射数据载体。

(12)不允许阳光直接照射数据载体。

9)异地储存

(1)归档的两份数据档案介质应异地储存。

(2)异地储存的距离应大于 100 km,最佳距离为 500 km 以上。

(3)数据档案应自入馆之日起 60 天内完成异地存储工作。

(4)凡取回的异地储存的数据档案,应在数据档案离开储存地之日起 60 天内重新完成异地储存工作。

(5)异地储存介质的读检工作,原则上应在储存地进行,应尽量避免介质离开储存地。

(6)异地储存所在地单位负责异地数据档案的安全、保密、环境和卫生等工作。

(7)异地储存的数据档案的管理权属于原数据档案管理单位,不经授权,任何单位和个人不能擅自复制和提供利用。

10)介质维护

(1)数据档案管理单位应定期对所有磁介质进行维护并建立相应的登记制度,对数据档案磁介质的检查(倒带、读检)、拷贝、介质更换、销毁等日常工作进行记录,并存档备查。

(2)数据档案管理单位每年应读检不低于 5%的数据档案。

(3)如果数据档案当年进行过读取操作(如数据查阅、提供利用等),则当年可以不对这些介质进行倒带和读检。

(4)归档后的数据档案介质不得外借,只能提供数据复制介质。

11)数据维护

(1)出现介质故障或损坏迹象而需要重新拷贝时,如果原数据档案是采用单盘(盒)方式拷贝的,则可从另一份相同数据档案介质拷贝复制,替换出现故障的介质;如果原数据档案是采用整卷方式拷贝的,则可从另一份数据档案整体复制并替换。介质更换的更新拷贝工作应在 30 天内完成。

(2)如果软件平台能够反映介质的读写错误,则当累计读写错误达 10 次时,应停止使用该介质(即使该介质仍能正常使用),并将数据复制迁移到一份新的介质上。

(3)线性磁带应每 10 年迁移一次,光盘应每 5 年迁移一次。

(4)数据档案管理单位应保证介质的可读性,即在磁带或磁带机(磁带库)、光盘或光盘驱动器(光盘库)、驱动软件或读取设备所需的软硬件环境淘汰之前,应将数据迁移到新的介质上。

(4)数据档案管理单位应尽可能保证数据的可用性。数据档案转存新格式后,原数据档案应继续保存3年。

(5)数据档案管理单位对数据档案转存新格式时,可以请求其他单位(或原项目单位)协助实施。

(6)数据档案转存新格式后,其数据说明文件应作相应的修改,并在数据说明文件的第一部分“数据背景”中反映数据档案的变化情况。

(7)应对日常数据维护工作建立相应的登记制度,对数据的检查、复制、格式转存、数据迁移、清除等日常工作进行记录,并存档备查。

12)光盘使用

(1)不得擦洗、划刻、触摸盘片裸露处,不得弯曲、挤压、摔打盘片,尤其应当保护光盘的内道。

(2)对光盘的背面同样要注意保护,避免出现擦伤或划伤。

(3)防止盘片沾染灰尘和污垢。

(4)光盘正常工作时,不得按光驱上的光盘弹出键。

(5)避免使用劣质光盘。

(6)光盘背面不应粘贴不干胶,可以用光盘打印机打印标识或用油笔书写标识。

(7)光盘不用时要及时从光驱或光盘库中取出,并放入光盘盒。

(8)定期对光驱进行清洁保养或请专业人员维护。

13)磁带使用

(1)每次使用磁带前,应检查磁带是否有跌落损坏的痕迹,是否有裂缝、断开、缺少零部件或有其他损坏,写保护开关是否可以移动且设置某个位置后是否固定不动。

(2)不得将有污渍的磁带、已损坏的磁带或异物放入驱动器,以免损坏磁头或其他部件。

(3)任何时候不得将磁带盒拆开,不得将磁带拉出盒外,不得用手或异物触摸磁性载体表面。

(4)储存前,应将磁带卷至开始端或末端,写保护开关处于写保护状态。

(5)数据档案的磁带载体不用时,应及时从磁带机或磁带库中取出。

(6)堆叠或搬运磁带时,最多不超过6盒。

(7)确保磁带标签区域只有一个标签,切勿使用非标准标签,切勿在磁带标签区域以外粘贴任何东西。

(8)应定期对磁带机进行清洗,清洗频率可依据使用情况而定。一般情况下,如果每天都有磁带操作,应每两周至少清洗一次磁带机。

(9)磁带储存应垂直放置,不得重叠堆放。

(10)磁带应避免跌落。一旦跌落,如果该磁带上有数据,应将数据拷贝到新磁带上,原磁带应停止使用。

14)运输要求

(1)数据载体运输时,应轻拿轻放,并做好防潮、防尘、防紫外线直射、防震、防重压等措施,建议将介质封装在塑料袋中,再放入容器中运输,或采用专用运输箱运输。

(2)运输时要防止数据载体之间的相互滑动和碰撞。

(3)要保证容器不会对数据载体造成污染,并在容器最外层标明放置方向。

(4)磁带的运输环境:已使用磁带的温度范围要求为5℃～32℃,相对湿度范围为20%～

80％；未使用磁带的温度范围是－23℃～49℃，相对湿度范围为20％～80％；同时，运输过程中要避免巨大的温度变化。

15）销毁

（1）数据档案在销毁前应进行鉴定。经鉴定需销毁的数据档案，应按有关规定办理销毁手续。

（2）经数据迁移后废弃的原介质，除数据转存新格式的情况外，原数据档案的介质不需鉴定，经审批后直接销毁。

（3）销毁数据档案时，应对包括异地存储档案在内的两份数据档案同时销毁。

（4）销毁磁带上的数据档案时，如果磁带还有再利用价值，可对磁带进行消磁（如果磁带技术允许）或全容量写操作，不能只进行初始化；如果磁带载体没有利用价值（如已有故障、或已经或将要达到规定的磁带升级期限），则应对磁带载体进行物理销毁。

（5）销毁光盘上的数据档案时，须连同光盘一起销毁。

（6）数据档案逻辑或物理销毁后，应从计算机系统中将其彻底清除。

（7）无论是逻辑销毁还是物理销毁，数据档案销毁时应由数据档案管理单位派专员监督，防止泄密。

2. 基础地理信息数据使用许可

（1）国家基础地理信息数据实行使用许可制度。国家基础地理信息数据按照不同使用部门、单位和不同使用目的实行无偿使用或者有偿使用。国家基础地理信息数据是具有知识产权的智力成果，受国家知识产权法律法规的保护。获得国家基础地理信息数据的使用部门、单位和个人，未经提供单位许可，不得以任何方式向第三方提供或者转让。任何部门、单位以及个人未经许可而使用国家基础地理信息数据的行为，是侵权行为。

（2）使用国家基础地理信息数据的部门、单位和个人（以下简称“使用单位”），必须得到使用许可，并签订《国家基础地理信息数据使用许可协议》（以下简称“使用许可协议”）。使用许可协议是非独占和不可转让的。

（3）使用许可协议分为甲、乙、丙三类。甲类使用许可协议适用于中央、国家机关、省级政府等用于宏观决策和社会公益事业。乙类使用许可协议适用于非企业单位或个人，为教学、科学研究、规划管理等目的在本单位内部或个人使用，或者将研究成果向中央国家机关、省级政府等部门提供用于宏观决策和社会公益事业。丙类使用许可协议适用于企业单位，或者非企业单位用于商业目的、营利或直接为建设工程项目服务。其他类型的使用许可协议由国务院测绘地理信息主管部门制定。

（4）适用甲类使用许可协议的，无偿使用国家基础地理信息数据；适用乙类使用许可协议的，有偿使用国家基础地理信息数据，给予价格优惠；适用丙类使用许可协议的，有偿使用国家基础地理信息数据。有偿使用是指收取国家基础地理信息数据的部分成本费用。各类使用许可协议的单位均应支付提供数据中所实际发生的介质费、人工费和其他费用等工本费。

（5）使用单位拥有使用许可协议规定范围内的国家基础地理信息数据和规定权限的使用权。使用单位根据使用需要，可以对国家基础地理信息数据进行部分修改或对数据的格式进行转换，但未经许可，不得以任何形式将修改、转换后的数据对外发布和提供。

（6）使用单位在使用国家基础地理信息数据时，必须明显标示数据的版权所有者。国家基础地理信息数据的版权归属不因数据部分修改或格式改变而改变，使用格式改变的国家基础地理信息数据或使用基于国家基础地理信息数据形成的衍生品时，必须明显标示原数据的版权所有者。

(7)使用单位应当确保国家基础地理信息数据的安全，防止数据丢失或被盗。若发生数据丢失或被盗，应当及时向提供单位报告；造成后果的，应当承担责任。使用单位应当按照提供单位提供的国家基础地理信息数据的密级，依照国家规定进行管理并采取相应的保密措施。当使用单位的身份变更或使用单位对数据使用用途改变时，应当向原数据提供单位提出申请，重新签订使用许可协议。

(8)香港特别行政区、澳门特别行政区的公民、法人和其他组织需要使用国家基础地理信息数据的，向省级以上测绘地理信息主管部门提出申请，按国家有关规定进行审批。台湾地区的公民、法人和其他组织需要使用国家基础地理信息数据的，参照上款规定办理。

(9)涉外使用国家基础地理信息数据的部门、单位和个人，按照国家有关规定办理审批手续。

(10)国家基础地理信息中心负责国家管理的国家基础地理信息数据使用的提供工作。省级提供单位负责本省、自治区、直辖市管理的国家基础地理信息数据和国家基础地理信息中心委托保管的其他国家基础地理信息数据使用的提供工作。

3. 测绘成果保密措施

1)建立保密管理制度

涉密单位应当建立保密管理制度，设立保密工作机构，配备保密管理人员，根据接触、使用、保管涉密测绘成果的人员情况，对涉密人员实行分类管理。

2)强化安全保密措施

(1)要依据国家有关规定，对生产、加工、提供、传递、使用、复制、保存和销毁涉密成果严格管理登记。

(2)要确定涉密测绘成果保密要害部门、部位，明确岗位责任，设置安全可靠的保密防护措施。

(3)应对涉密计算机信息系统采取安全保密防护措施。

(4)加强涉密计算机和存储介质的管理。

3)规范成果提供使用行为

(1)县级以上测绘地理信息主管部门要依法履行提供涉密测绘成果的行政审批职能，明确规定申请、受理、审批、提供、使用等环节的具体要求，并向社会公布。

(2)法人或者其他组织申请使用涉密测绘成果的，应当具有明确、合法的使用目的和范围，具备成果保管、保密的基本设施与条件，按管理权限报测绘成果所在地的县级以上测绘地理信息主管部门审批。

(3)测绘成果保管单位负责接收、保管和提供本地区涉密测绘成果，并按照批准文件向用户提供。

(4)经审批获得的涉密测绘成果只能用于被许可的使用目的和范围。任何单位和个人不得擅自复制、转让或转借。

(5)委托第三方承担成果开发、利用任务的，第三方必须具有相应的成果保密条件，承担相关保密责任；委托任务完成后，必须及时回收或监督第三方按保密规定销毁涉密测绘成果。

(6)涉密测绘成果严格实行管用分开，成果保管单位不得擅自使用涉密测绘成果。确因工作需要使用的，必须办理审批手续。

(7)涉密测绘成果及其衍生产品，未经国家或者省级测绘地理信息主管部门进行保密技术处理的，不得公开使用。

4)依法对外提供测绘成果

(1)凡涉及对外提供我国涉密测绘成果的，要依法报国家或省级测绘地理信息主管部门审批后方可对外提供。

(2)外国的组织或个人经批准在中华人民共和国领域内从事测绘活动的，所产生的测绘成果归中方所有；未经省级以上测绘地理信息主管部门批准不得向外提供，不得以任何形式将测绘成果携带或者传输出境。

(3)严禁任何单位和个人未经批准擅自对外提供涉密测绘成果。

练习与思考题

一、单项选择题

1. 测绘技术设计输入通常称为(　　)。

A. 设计策划　B. 设计目标　C. 设计依据　D. 设计验证

2. 测绘技术设计输出的表现形式为(　　)。

A. 设计策划文件　B. 设计评审文件　C. 设计验证文件　D. 测绘技术设计文件

3. 技术设计文件审批单位是(　　)。

A. 设计评审单位　B. 技术设计单位

C. 测绘生产单位　D. 测绘任务的委托单位

4. 测绘生产单位应坚持的安全管理方针是(　　)。

A. 提高认识、加强教育、完善安全管理　B. 以生产为工线、注意安全、全面管理

C. 安全第一、生产为辅、全面管理　D. 安全第一、预防为主、综合治理

5. 测绘人员在人、车流量大的城镇地区街道上作业时，下列做法中正确的是(　　)。

A. 与当地交通管理部门协商，停止该街道车辆通行

B. 现场作业人员佩戴安全防护服和防护帽

C. 保证作业区域 50 m 内无人员走动

D. 穿着色彩醒目的带有安全警示的反光马甲，并应设置安全警示标志牌(墩)

6. 测绘人员在人烟稀少或草原、森林作业时，必须携带的装备是(　　)。

A. 帐篷　B. 手持导航定位仪器及地形图

C. 汽车　D. 安全警示标志

7. 测绘仪器的防霉措施中规定，外业仪器一般情况下应对仪器的光学零件外露的表面进行一次全面擦拭的时间是(　　)。

A. 1 个月　B. 2 个月　C. 6 个月　D. 12 个月

8. 基础地理信息数据归档时，下列说法中不正确的是(　　)。

A. 归档的两份数据档案应采用相同类型和型号的归档介质

B. 两份归档的数据成果组织结构、数据格式、成果形式、存放内容、操作平台、拷贝方法等应完全相同

C. 同一项目的数据档案应存储在不同的载体介质上

D. 归档的介质应有标识，但至少标注档号、条形码和密级

二、多项选择题

1. 测绘技术设计过程通常由组设计活动所构成，其中包括（　　）。
   A. 策划　B. 设计输入　C. 设计输出　D. 设计评审
   E. 设计验证
2. 设计评审应确定的内容和要求包括（　　）。
   A. 评审目的　B. 评审依据　C. 评审内容　D. 评审方式
   E. 评审人员
3. 测绘人员外业作业时，下列说法正确的是（　　）。
   A. 进入单位、居民宅院进行测绘时，应先出示相关证件，说明情况再进行作业
   B. 遇雷电天气应立刻停止作业，选择安全地点躲避
   C. 在高压输电线路、电网等区域作业时，可采用优先选用绝缘性能好的标尺等辅助测量设备
   D. 沿铁路、公路作业时，必须穿着色彩醒目的带有安全警示的反光马甲
4. 测绘内业生产安全管理对作业场所的要求包括（　　）。
   A. 照明、噪音、辐射等环境条件应符合作业要求
   B. 在作业场所吸烟以及使用明火取暖时要注意安全
   C. 计算机等生产仪器设备的放置应有利于减少放射线对作业人员的危害
   D. 易燃易爆物品带入作业场所必须要由专人保管
5. 外业测量须进行仪器搬站，下列做法中正确的是（　　）。
   A. 搬站时应把仪器的所有制动螺旋略微拧紧，但不要拧得太紧
   B. 平坦地区短距离搬站时，对一般仪器，可收拢三脚架放在腋下，一手抱住脚架，另一手托住基座和照准部
   C. 搬站时将三脚架收拢后把仪器扛在肩上迁移
   D. 对于远距离或通过行走不方便的地区，应将仪器按要求装箱后搬迁
6. 基础地理信息数据成果数据归档要求包括（　　）。
   A. 数据成果与文档材料可以不同时归档
   B. 归档的基础地理信息数据应为最终版本
   C. 文档材料归档一份，数据成果拷贝归档两份
   D. 归档的数据成果和相关软件必须压缩及加密
7. 基础地理信息数据的归档内容包括（　　）。
   A. 基础地理信息数据成果
   B. 文档材料
   C. 相关软件
   D. 归档目录数据
8. 测绘成果保密措施中包括（　　）。
   A. 建立保密管理制度
   B. 强化安全保密措施
   C. 完善生产技术管理
   D. 规范成果提供使用行为

三、问答题

1. 测绘项目设计书包含的主要内容是什么？
2. 外业测绘出测、收测前的准备要求有哪些？
3. 地下有限空间作业的安全作业要求有哪些？
4. 测绘仪器设备的搬站要求有哪些？
5. 基础地理信息数据的归档要求有哪些？

项目五　测绘项目组织实施

［概述］

本项目重点讲述了测绘项目的工期、成本、质量三大目标，根据项目合理配置人力资源和仪器设备的要求，项目实施的进度控制、成本控制和质量控制要求，以及根据项目类型按行业标准《测绘技术总结编写规定》及有关技术标准编写项目总结和专业技术总结的要求。

［学习目标］

①掌握测绘项目的工期、成本、质量三大目标；②掌握测绘项目人力资源和仪器设备的配置要求；③掌握测绘项目实施过程中的进度控制、成本控制和质量控制要求；④掌握测绘项目的项目总结和专业技术总结的编写要求。

子项目 1　测绘项目的资源配置

为保证测绘项目按时完成，应配置合理的资源。资源配置主要包括人力资源和仪器设备配置。

5.1.1　人力资源配置

测绘项目应配置合适的人员，测绘项目的人员主要分为项目负责人、生产管理组、技术管理组、质量管理组、后勤管理组。

1. 项目负责人

项目负责人，一般由单位的行政负责人担任，也可根据项目的特点委托其他人员担任，全面负责项目的实施。

2. 生产管理组

生产管理组由下列人员组成：

(1)项目生产负责人，一般由生产院长担任，全面负责整个项目的工作，包括成本控制、进度控制、质量控制、安全生产、数据保密等工作。

(2)部门生产负责人，一般由生产部门负责人担任，负责项目的具体生产工作，包括成本控制、进度控制、质量控制、安全生产、数据保密、人员管理等具体工作。

(3)作业组生产负责人，一般由各生产作业组的组长担任，负责作业组的进度控制、质量控制、安全生产、数据保密等工作。

3. 技术管理组

技术管理组由下列人员组成：

(1)项目技术负责人，一般由总工担任，是项目的最高技术主管，负责项目的所有技术工作。

(2)部门技术负责人，一般由部门工程师担任，负责整个部门的具体技术工作。

(3)作业组技术负责人，一般由各生产作业组的组长担任，负责作业组的技术、质量工作。

(4)作业组作业人员，一般由部门的技术人员、辅助人员担任，负责项目的具体作业生产。

4. 质量管理组

质量管理组由下列人员组成：

(1)项目质量负责人，一般由总工程师担任，也可由单位质量管理部门的负责人担任，是项目的最高质量主管，负责整个项目的质量工作。

(2)部门质量负责人，一般由部门工程师担任，负责整个部门的具体质量工作。

(3)项目质量检查员，一般由生产部门和质量部门的技术主管担任，负责项目的质量检查工作。

(4)作业组质量负责人，一般由各生产作业组的组长担任，负责作业组的质量工作。

5. 后勤管理组

后勤管理组主要包括仪器设备管理人员、档案数据管理人员、协调沟通人员等。

5.1.2 仪器设备配置

要根据项目需求配置适合的仪器设备，包括外业仪器、内业仪器设备及其他的辅助材料工具等。仪器设备必须按相关规范的要求进行检定或校准，且保证检定合格并在有效期内。在项目进场前和作业过程中随时检查仪器设备的运行情况，确保测绘成果的正确可靠。

子项目 2 测绘项目的实施管理

测绘项目的实施管理主要是对测绘项目生产过程进行有效控制，保证测绘项目按生产计划正常进行，同时保证最终测绘成果能够满足项目委托方和有关标准规范的要求，创造测绘项目最大的经济效益和社会效益。

测绘项目的实施管理主要包括进度控制、成本控制和质量控制。这三大控制管理之间又是相互依存、相互对立的关系，做好质量控制有利于控制项目进度，提高测绘生产单位经济效益。只有在生产实施各环节上对测绘成果质量进行有效控制，预防、减少或消除质量缺陷，才能保障项目按进度计划正常进行。如果片面追求进度，忽视工序上的质量控制，势必造成工序生产窝工或工序质量返工，从而使工程项目无法按计划进度正常进行。同理，如果不注意质量控制和进度控制，或者片面追求质量的提高和进度的提前，会加大生产单位的生产成本，不利于测绘生产单位经济效益的提高。

5.2.1 进度控制

进度控制基本分为人力资源控制、仪器设备控制、完成进度控制和分析与改进四方面。

1. 人力资源控制

人力资源是项目实施的关键，人力资源是否满足要求直接关系到项目的进度和质量。作业中应对人力资源的落实进行控制，主要包括：

(1)项目组织机构是否齐全，是否与投标方案或实施方案中拟定的一致。

(2)主要作业人员是否与投标文件或实施方案中拟定的人员一致，配置的人员数量、素质是否满足项目的需要。

(3)主要管理人员、技术人员是否与投标文件或实施方案中拟定的人员一致。

2. 仪器设备控制

仪器设备是项目实施的基本工具，仪器设备是否符合要求直接影响测绘成果的质量。作业中应对仪器设备的落实进行控制，主要包括：

(1)投入生产使用的设备与开工前准备的设备是否一致。

(2)作业现场的设备数量、进度是否满足项目工作的需要。

(3)作业的设备是否经过检定，检定结果是否符合要求。

(4)作业人员是否具备操作设备的能力。

(5)作业使用的平差软件、数据处理及成图软件是否符合测绘项目的要求。

3. 完成进度控制

进度控制是指在项目实施过程中，对项目各阶段的进展和最终完成的期限所进行的控制，其目的是保证项目在满足其时间约束条件的前提下实现其总体目标。在实施中要经常检查完成进度与计划进度的偏差，有针对性地采取措施进行控制，主要包括：

(1)进度计划是否符合项目总目标和各工序目标的要求，是否符合合同约定的开工和竣工时间。

(2)总进度计划中的项目是否有遗漏。

(3)工序安排是否合理，是否符合生产工艺的要求。

(4)项目总进度计划和各分项进度计划是否协调。

(5)项目委托方需要提供的施工条件是否明确、合理，是否有因委托方的原因而导致工期延误的可能。

4. 分析与改进

检查发现项目生产进度与计划有差异时，要分析影响进度按计划完成的因素，如过高或过低估计了项目实现的有利因素(如资金保障、测区的作业条件等)、项目实施过程中工作有失误(如设计要求的变更、作业顺序的调整等)、不可预见事件发生等。

应对影响进度的各种因素进行分析，找出问题的原因，采取措施，协调各方力量控制影响因素。如原有计划不能适应实际情况，必须及时进行调整，并形成新的进度计划，作为控制进度的新依据。

5.2.2　成本控制

项目成本控制就是在项目实施过程中对资源的投入、测绘过程及成果进行监督、检查和衡量，并采取措施确保项目成本目标的实现。成本控制的对象是工程项目，其主体则是人的管理活动，目的是合理使用人力、物力、财力，降低成本，增加效益，主要包括成本预测和成本控制。

1. 成本预测

加强成本控制，首先要抓成本预测，成本预测的内容主要是使用科学的方法，结合签约价，根据各项目的测区条件、仪器设备、人员素质等对项目的成本目标进行预测。

2. 成本控制

测绘项目的成本控制主要包括以下几个环节：

(1)全员成本控制。实行岗位目标责任制，充分调动每个部门、班组和每一个员工控制成本、关心成本的积极性，真正树立起全员控制的观念。针对测绘项目的不同性质，可以实行包干制、月薪制、日薪制等。

(2)全程成本控制。成本控制工作要伴随项目实施的每个阶段，如在准备阶段要制定最佳的组织实施方案，在实施阶段按照业主要求和技术规范要求，充分利用现有的资源，减少成本支出，并确保工程质量，减少工程返工费和工程移交后的后期服务费用，在工程资料验收、移交阶段，要及时依合同价款办理工程结算，使工程成本自始至终处于有效控制之下。

（3）动态成本控制。成本控制必须坚持动态控制的原则。测绘工程项目实施过程中，收集成本发生的实际值，将其与目标值相比较，检查有无偏差；若无偏差，则继续进行，否则要找出具体原因，采取相应措施。

3. 降低成本

项目实施过程中要积极创造条件，要着眼于成本的事前预测、过程控制、监督检查，经常检查是否出现偏差，采取组织措施、经济措施、技术措施等，优化施工方法、提高劳动效率，从而降低成本，实现成本控制目标。

5.2.3 质量控制

测绘项目实施阶段是形成最终产品的最重要阶段，质量控制是测绘工作的重点和核心，是成本控制和进度控制的具体体现。

1. 质量控制的重要性

质量控制的重要性主要体现在：质量控制是项目委托方投资得以最快收益的前提，质量控制是保证测绘单位提供满足项目委托方要求的成果的有力保障，质量控制有利于进度计划的顺利实施，质量控制是目标的核心。

2. 质量控制的基本依据

质量控制的基本依据主要包括：测绘合同，经审批的技术设计书或作业指导文件，国家或地方政府颁布的有关测绘法律、法规和规范性文件，有关国家、行业及地方标准规范。

3. 质量控制的方法

质量控制主要通过二级检查一级验收的方法，对项目各个工序的过程成果和最终成果进行质量检查验收。对于大型或特殊测绘项目，要进行“首件产品”的试生产实验。

（1）试生产实验。生产开工时要做好“首件产品”的试生产与质量检查。通过试生产实验，验证和完善项目的技术流程，为后续项目的全面开展提供可靠的生产流程与质量控制的依据。

（2）工序（过程）成果质量控制。工序成果泛指测绘生产过程中各工序生产出来的阶段性成果，该成果可能是测绘最终成果的组成部分，也可能是一个过程产品。工序质量的控制就是利用一定的方法和手段对各工序操作及完成的产品质量进行实际而及时的检查，判断其是否合格或优良。只有作业过程中的中间产品质量都符合要求，才能保证最终测绘成果的质量。

（3）二级检查。二级检查指测绘单位作业部门的过程检查、质量管理部门的最终检查。其特点是：作业人员必须进行自检；作业人员之间必须进行互检；不同工序之间的材料交接和转换必须由相关人员进行交接检查；各级检查出的问题的处理办法和意见，要有相应的整改记录。

（4）一级验收。项目管理单位组织或委托具有资质的质量检验机构进行质量验收。

子项目3 测绘项目技术总结

5.3.1 技术总结的概念

测绘技术总结是在测绘任务完成后，对测绘技术设计文件和技术标准、规范等的执行情况，技术设计方案实施中出现的主要技术问题和处理方法，成果（或产品）质量，新技术的应用等进行分析研究、认真总结，并作出客观描述和评价。

测绘技术总结为用户（或下工序）对成果（或产品）的合理使用提供方便，为测绘单位持续质量改进提供依据，同时也为测绘技术设计、有关技术标准、规定的制订提供资料。测绘技术总结是与测绘成果（或产品）有直接关系的技术性文件，是长期保存的重要技术档案。

5.3.2　技术总结的基本要求

1. 技术总结分类

测绘技术总结分为项目总结和专业技术总结。项目总结是测绘项目最终成果（或产品）检查合格后，在各专业技术总结的基础上，对整个项目进行的技术总结。专业技术总结是测绘项目所包含的各测绘专业活动的成果（或产品）检查合格后，分别总结撰写的技术文档。对于工作量较小的项目，可根据需要将项目总结和专业技术总结合并为项目总结。

2. 技术总结编写与审核

项目总结由承担项目的法人单位负责编写或组织编写，专业技术总结由具体承担相应测绘专业任务的法人单位负责编写。具体的编写工作通常由单位的技术人员承担。

技术总结编写完成后，单位总工程师或技术负责人应对技术总结的客观性、完整性等进行审查并签字，并对技术总结的质量负责。技术总结经审核、签字后，随测绘成果（或产品）、测绘技术设计文件和成果（或产品）检查报告一并上交和归档。

3. 技术总结编写依据

测绘技术总结编写的主要依据包括：

(1)测绘任务书或合同的有关要求，顾客书面要求或口头要求的记录，市场的需求或期望。

(2)测绘技术设计文件，相关的法律、法规、技术标准和规范。

(3)测绘成果（或产品）的质量检查报告。

(4)以往测绘技术设计、测绘技术总结提供的信息及现有生产过程和产品的质量记录和有关数据。

(5)其他有关文件和资料。

4. 技术总结编写要求

测绘技术总结编写应做到以下几点：

(1)内容真实、全面，重点突出。说明和评价技术要求的执行情况时，不应简单抄录设计书的有关技术要求，应重点说明作业过程中遇到的主要技术问题和处理方法、特殊情况的处理及其达到的效果、经验、教训和遗留问题等。

(2)文字应简明扼要，公式、数据和图表应准确，名词、术语、符号和计量单位等均应与有关法规和标准一致。

(3)测绘技术总结的幅面、封面格式、字体与字号等应符合相关要求。

5.3.3　技术总结的主要内容

测绘技术总结（包括项目总结和专业技术总结）通常由概述、技术设计执行情况、成果（或产品）质量说明和评价、上交和归档的成果（或产品）及资料清单四部分组成。

1. 项目总结的内容

项目总结的主要内容见表5.1。

表 5.1 项目总结的内容

内容	简要说明
概述	项目来源、内容、目标、工作量，项目的组织和实施，专业测绘任务的划分、内容和相应任务的承担单位，产品交付与接收情况等；项目执行情况，生产任务安排与完成情况，有关作业定额和作业率的统计，经费执行情况等；作业区概况和已有资料的利用情况
技术设计执行情况	说明生产所依据的技术性文件，包括项目设计书，项目所包括的全部专业技术设计书、技术设计更改文件，有关的技术标准和规范；说明和评价项目实施过程中，项目设计书和有关的技术标准、规范的执行情况，并说明项目设计书的技术更改情况（包括技术设计更改的内容、原因的说明等）；重点描述项目实施过程中出现的主要技术问题和处理方法、特殊情况的处理及其达到的效果等；说明项目实施中质量保障措施（包括组织管理措施、资源保证措施和质量控制措施及数据安全措施）的执行情况；当生产过程中采用新技术、新方法、新材料时，应详细描述和总结其应用情况；总结项目实施中的经验、教训（包括重大的缺陷和失败）和遗留问题，并对今后生产提出改进意见和建议
测绘成果（或产品）质量说明和评价	说明和评价项目最终测绘成果（或产品）的质量情况（包括必要的精度统计）、产品达到的技术指标，并说明最终测绘成果（或产品）的质量检查报告的名称和编号
上交和归档的测绘成果（或产品）及资料清单	测绘成果（或产品），说明其名称、数量、类型等，当上交成果的数量或范围有变化时应附成果分布图；文档资料，包括项目设计书及有关的设计更改文件，项目总结，质量检查报告，必要时也包括项目包含的专业技术设计书及有关的专业设计更改文件和专业技术总结、文档簿（图历簿），以及其他作业过程中形成的重要记录；其他需上交和归档的资料

2. 专业技术总结的内容

专业技术总结的主要内容见表 5.2。

表 5.2 专业技术总结的内容

内容	简要说明
概述	测绘项目的名称、专业测绘任务的来源，专业测绘任务的内容、任务量和目标，产品交付与接收情况等；计划与设计完成的情况、作业率的统计；作业区概况和已有资料的利用情况
技术设计执行情况	说明专业活动所依据的技术性文件，内容包括专业技术设计书及其有关的技术设计更改文件，必要时也包括本测绘项目的项目设计书及其更改文件，以及有关的技术标准和规范；说明和评价专业技术活动过程中，专业技术设计文件的执行情况，并重点说明专业测绘生产过程中，专业技术设计书的更改情况（包括专业技术设计更改的内容、原因的说明等）；描述专业测绘生产过程中出现的主要技术问题和处理方法、特殊情况的处理及其达到的效果等；当作业过程中采用新技术、新方法、新材料时，应详细描述和总结其应用情况；总结专业测绘生产中的经验、教训（包括重大的缺陷和失败）和遗留问题，并对今后生产提出改进意见和建议
测绘成果（或产品）质量说明和评价	说明和评价测绘成果（或产品）的质量情况（包括必要的精度统计）、产品达到的技术指标，并说明测绘成果（或产品）的质量检查报告的名称和编号
上交和归档的测绘成果（或产品）及资料清单	测绘成果（或产品），说明其名称、数量、类型等，当上交成果的数量或范围有变化时需附成果分布图；文档资料，包括专业技术设计文件、专业技术总结、检查报告，必要的文档簿（图历簿），以及其他作业过程中形成的重要记录；其他需上交和归档的资料

练习与思考题

一、单项选择题

1. 测绘项目质量控制的主要方法是(　　)。
   A. 二级检查一级验收　　B. 二级检查二级验收
   C. 三级检查一级验收　　D. 一级检查二级验收
2. 测绘项目管理与控制的重点和核心是(　　)。
   A. 质量控制　　B. 成本控制
   C. 进度控制　　D. 安全控制
3. 项目总结负责编写或组织编写单位是(　　)。
   A. 委托项目的法人单位　　B. 承担项目的法人单位
   C. 组织项目检验的单位　　D. 项目监理单位
4. 技术总结的编写质量由单位(　　)负责。
   A. 法人　　B. 项目负责人
   C. 总工程师或技术负责人　　D. 技术人员

二、多项选择题

1. 测绘项目承担单位的项目目标包括(　　)。
   A. 工期目标　　B. 成本目标　　C. 质量目标　　D. 产品目标
2. 测绘项目对仪器设备的落实进行控制,主要包括(　　)。
   A. 投入生产使用的设备与开工前准备的设备是否一致
   B. 作业现场的设备数量、进度是否满足项目工作的需要
   C. 作业的设备是否经过检定,检定结果是否符合要求
   D. 作业人员是否具备操作设备的能力
3. 测绘技术总结编写的主要依据包括(　　)。
   A. 测绘任务书或合同的有关要求
   B. 测绘项目目标文件
   C. 测绘成果(或产品)的质量检查报告
   D. 测绘技术设计文件,相关的法律、法规、技术标准和规范
4. 测绘技术总结的主要内容包括(　　)。
   A. 概述
   B. 技术设计执行情况
   C. 成果(或产品)质量说明和评价
   D. 上交和归档的成果(或产品)检查报告
5. 专业技术总结中技术设计执行情况的内容包括(　　)。
   A. 说明专业活动所依据的技术性文件
   B. 说明和评价专业技术活动过程中专业技术设计文件的执行情况
   C. 描述专业测绘生产过程中出现的主要技术问题和处理方法、特殊情况的处理及其达到的效果等
   D. 总结专业测绘生产中的经验、教训和遗留问题,并对今后生产提出改进意见和建议

三、问答题

1. 测绘项目的三大目标是什么?
2. 测绘项目人力资源配置的要求有哪些?
3. 测绘项目质量控制的主要方法有哪些?
4. 测绘技术总结的主要内容有哪些?

项目六　测绘成果质量检查验收

［概述］

本项目重点讲述国家标准《测绘成果质量检查与验收》(GB/T 24356)和《数字测绘成果质量检查与验收》(GB/T 18316)的相关规定。

［学习目标］

①掌握测绘成果的质量检查与验收的相关规定;②掌握测绘成果的质量元素及检查项。

子项目1　测绘成果检查验收的基本概念

6.1.1　检查验收的概念

为了评定测绘成果质量,须严格按照国家有关技术标准和项目本身的相关技术要求,通过查看、分析、判断和比较,适当结合检测、试验等方法对测绘成果质量进行符合性判断。

6.1.2　检查验收的相关概念

1. 单位成果

单位成果是为实施检查与验收划分的基本单位。大地测量成果中的各级三角点、导线点、卫星定位点、重力点和水准测段等以“点”或“测段”为单位;像片控制测量成果以“区域网”“景”为单位;地形测量、地图编制、地籍测绘等测绘成果的各种比例尺地形图或影像平面图以“幅”为单位;房屋面积测算以“幢”为单位等。

2. 批成果

批成果指同一技术设计要求下生产的同一测区、同一比例尺(或等级)单位成果集合。

3. 批量

批量指批成果中单位成果的数量。

4. 样本

样本指从批量成果中抽取的用于评定批成果质量的单位成果集合。

5. 样本量

样本量指样本中单位成果的数量。

6. 全数检查

全数检查是对批成果中全部单位成果逐一进行的检查。

7. 抽样检查

抽样检查是从批成果中抽取一定数量样本进行的检查。

8. 质量元素

质量元素用于说明质量的定量、定性组成部分,即成果满足规定要求和使用目的的基本特性。质量元素的适用性取决于成果的内容及其成果规范,并非所有的质量元素适用于所有的成果。

9. 质量子元素

质量子元素是质量元素的组成部分，描述质量元素的一个特定方面。

10. 检查项

检查项指质量子元素的检查内容。说明质量的最小单位，质量检查和评定的最小实施对象。

11. 详查

详查指对单位成果质量要求的全部检查项进行的检查。

12. 概查

概查指对单位成果质量要求的部分检查项进行的检查。部分检查项一般指重要的、特别关注的质量要求或指标，或系统性的偏差、错误。

13. 错漏

错漏指检查项的检查结果与要求存在的差异。根据差异的程度，将其分为 A、B、C、D 四类。A 类为极重要检查项的错漏，或检查项的极严重错漏；B 类为重要检查项的错漏，或检查项的严重错漏；C 类为较重要检查项的错漏，或检查项的较严重错漏；D 类为一般检查项的轻微错漏。

14. 高精度检测

高精度检测，其检测技术要求高于生产的技术要求。

15. 同精度检测

同精度检测，其检测技术要求与生产的技术要求相同。

16. 简单随机抽样

从批成果中抽取样本时，使每一个单位成果都以相同概率构成样本，可采用抽签、掷骰子、查随机数表等方法，即简单随机抽样。

17. 分层随机抽样

将批量成果按作业工序或生产时间段、地形类别、作业方法等分层后，根据样本量分别从各层中随机抽取 1 个或若干个单位成果组成样本，即分层随机抽样。

子项目 2　测绘成果检查验收的基本规定

6.2.1　检查验收制度

1. 二级检查一级验收

测绘成果质量通过二级检查一级验收方式进行控制，测绘成果应依次通过测绘单位作业部门的过程检查、测绘单位质量管理部门的最终检查和项目管理单位组织的验收或委托具有资质的质量检验机构进行质量验收。其要求如下：

(1)测绘单位实施成果质量的过程检查和最终检查。过程检查采用全数检查。最终检查一般采用全数检查，涉及野外检查项的可采用抽样检查，样本以外的应实施内业全数检查。

(2)验收一般采用抽样检查。质量检验机构应对样本进行详查，必要时可对样本以外的单位成果的重要检查项进行概查。

(3)各级检查验收工作应独立、按顺序进行，不得省略、代替或颠倒顺序。

(4)最终检查应审核过程检查记录,验收应审核最终检查记录。审核中发现的问题作为资料质量错漏处理。

2. **提交检查验收的资料**

项目提交的成果资料一般应包括:

(1)项目设计书、专业设计书,生产过程中的补充规定。

(2)技术总结,检查报告及检查记录。

(3)仪器检定证书和检验资料复印件。

(4)数据文件,包括图形或影像数据等。

(5)成果资料,包括观测资料、计算成果等。

(6)其他需要的文档资料。

6.2.2　检查验收依据

检查验收依据包括测绘任务书、合同书、委托验收文件和有关的标准规范,以及项目设计书、专业设计书、生产过程中的补充规定等。

6.2.3　数学精度检测

图类单位成果高程精度检测、平面位置精度检测及相对位置精度检测,检测点(边)应分布均匀、位置明显。检测点(边)数量视地物复杂程度、比例尺等具体情况确定,每幅图一般各选取 20～50 个。

按单位成果统计数学精度,困难时可以适当扩大统计范围。在允许中误差 2 倍以内(含 2 倍)的误差值均应参与数学精度统计,超过允许中误差 2 倍的误差视为粗差。同精度检测时,在允许中误差 $2\sqrt{2}$ 倍以内(含 $2\sqrt{2}$ 倍)的误差值均应参与数学精度统计,超过允许中误差 $2\sqrt{2}$ 倍的误差视为粗差。检测点(边)数量少于 20 时,以误差的算术平均值代替中误差;大于 20 时,按中误差统计。

高精度检测时,中误差为

$$M=\pm\sqrt{\frac{\sum_{i=1}^{n}\Delta_i^2}{n}} \tag{6.1}$$

式中,M 为成果中误差,n 为检测点(边) 数,Δ_i 为较差。

同精度检测时,中误差为

$$M=\pm\sqrt{\frac{\sum_{i=1}^{n}\Delta_i^2}{2n}} \tag{6.2}$$

式中,M 为成果中误差,n 为检测点(边) 数,Δ_i 为较差。

6.2.4　检查验收记录及报告

检查验收记录包括质量问题及其处理记录、质量统计记录等。记录填写应及时、完整、规范、清晰,检验人员和校核人员的签名后的记录禁止更改、增删记录。

最终检查完成后，应编写检查报告；验收工作完成后，应编写检验报告。检查报告和检验报告随测绘成果一起归档。

6.2.5 质量问题处理

验收中发现有不符合技术标准、技术设计书或其他有关技术规定的成果时，应及时提出处理意见，交测绘单位进行改正。当问题较多或性质较重时，可将部分或全部成果退回测绘单位或部门进行重新处理，然后再进行验收。

经验收判为合格的批，测绘单位或部门要对验收中发现的问题进行处理，然后进行复查。经验收判为不合格的批，要将检验批全部退回测绘单位或部门进行处理，然后再次申请验收。再次验收时应重新抽样。

过程检查、最终检查中发现的质量问题应改正。过程检查、最终检查工作中，当对质量问题的判定存在分歧时，由测绘单位总工程师裁定；验收工作中，当对质量问题的判定存在分歧时，由委托方或项目管理单位裁定。

6.2.6 数字测绘成果质量检查的方法和方式

1. 质量检查的方法

数字测绘成果质量检查的方法包括参考数据比对、野外实测和内部检查。

1)参考数据比对

与高精度数据、专题数据、生产中使用的原始数据，可收集到的各级部门公布、发布、出版的资料数据等各类参考数据对比，确定被检数据是否错漏，或者获取被检数据与参考数据的差值。在对比中应考虑由于生产(或发布)时间的差异和综合取舍的差异造成的参考数据与被检数据偏差。

该方法主要适用于室内方式检查矢量数据，如检查各类错漏、计算各类中误差等，也可用于实测方式检查影像数据、栅格数据，如计算各类中误差等。

2)野外实测

与野外测量、调绘的成果对比，确定被检数据是否错漏或者获取被检数据与野外实测数据的差值。在对比中应考虑野外数据与被检数据的时间差异。

该方法主要适用于实测方式检查矢量数据，如检查各类错漏、计算各类中误差等，也可用于实测方式检查影像数据、栅格数据，如计算各类中误差等。

3)内部检查

检查被检数据的内部特征。

该方法主要适用于室内方式检查矢量数据、影像数据、栅格数据，如逻辑一致性中的绝大多数检查项，接边检查，栅格数据的数据范围，影像数据的色调均匀程度，内业加密保密点检查中误差等。

2. 质量检查的方式

数字测绘成果质量检查的方式包括计算机自动检查、计算机辅助检查和人工检查。在质量检查工作中，应优先使用软件自动检查、人机交互检查。

1)计算机自动检查

计算机自动检查是通过软件自动分析和判断结果，如可计算值(属性)的检查、逻辑一致性的检查、值域的检查、各类统计计算等。

2)计算机辅助检查

计算机辅助检查是通过人机交互检查、筛选并分析和判断结果，如检查有向点的方向等。

3)人工检查

人工检查指不能通过软件检查时，只能人工检查，如检查矢量要素是否遗漏等。

子项目3　测绘成果抽样检查程序

测绘成果抽样检查程序包括组成批成果、确定样本量、抽取样本、检验、质量评定和编制报告。

6.3.1　组成批成果

批成果应由在同一技术设计要求下生产的同一测区、同一比例尺(或等级)的单位成果汇集而成。生产量较大时，可根据生产时间不同、作业方法不同或作业单位不同等条件分别组成批成果，实施分批检验。

6.3.2　确定样本量

根据检验批的批量按表6.1确定样本量。

表6.1　批量与样本量对照表

批量	样本量
1～20	3
21～40	5
41～60	7
61～80	9
81～100	10
101～120	11
121～140	12
141～160	13
161～180	14
181～200	15
≥201	分批次提交，批次数应最小，各批次的批量应均匀

注：当样本量等于或大于批量时，则全数检查。

6.3.3　抽取样本

采用按比例随机抽样的方法从批成果中抽取样本，样本应分布均匀，以“点”“景”“幅”“测段”“幢”或“区域网”等为单位抽取样本。一般采用简单随机抽样，也可根据生产方式或时间、等级等采用分层随机抽样。按样本量，从批成果中抽取样本，并提取单位成果的全部有关资料。

项目设计书、专业设计书、生产过程中的补充规定，技术总结、检查报告及检查记录，仪器检定证书和检验资料复印件，其他需要的文档资料，按100%提取样品原件或复印件。

6.3.4 检 验

根据测绘成果的内容和特性，分别采取详查和概查的方式进行检验，并统计检验中发现的错漏数量、错漏类别、中误差等。

6.3.5 质量评定

质量评定包括单位产品质量评定、样本质量评定和批成果质量评定。

6.3.6 编制报告

质量检验报告、检查报告的内容和格式按 GB/T 18316 的规定执行。

质量检验报告的内容主要包括检验工作成果概况、检验依据、抽样情况、检验内容及方法、主要质量问题及处理、质量统计及质量综述、附件(附图、附表)。质量检查报告参照执行。

子项目 4 测绘成果质量评定方法

6.4.1 质量评分方法

1. 数学精度评分方法

按表 6.2 的规定采用分段直线内插的方法计算数学精度质量分数；多项数学精度评分时，单项数学精度得分大于 60 分时，取其算术平均值或加权平均值。

表 6.2 数学精度评分标准

数学精度值	质量分数
$0 \leqslant M \leqslant 1/3 \times M_0$	$S = 100$ 分
$1/3 \times M_0 < M \leqslant 1/2 \times M_0$	90 分 $\leqslant S <$ 100 分
$1/2 \times M_0 < M \leqslant 3/4 \times M_0$	75 分 $\leqslant S <$ 90 分
$3/4 \times M_0 < M \leqslant M_0$	60 分 $\leqslant S <$ 75 分

表中，M_0 为允许中误差的绝对值，$M_0 = \sqrt{m_1^2 + m_2^2}$，其中 m_1 为规范或相应技术文件要求的成果中误差，m_2 为检测中误差(高精度检测时取 $m_2 = 0$)；M 为成果中误差的绝对值；S 为质量分数(分数值根据数学精度的绝对值所在区间进行内插)。

2. 成果质量错漏扣分标准

成果质量错漏扣分标准按表 6.3 执行。

表 6.3 成果质量错漏扣分标准

差错类型	扣分值
A 类	42 分
B 类	$12/t$ 分
C 类	$4/t$ 分
D 类	$1/t$ 分

注：一般情况下取 $t = 1$。需要进行调整时，以困难类别为原则，按《测绘生产困难类别细则》进行调整(平均困难类别 $t = 1$)。

3. 质量子元素评分方法

将质量子元素得分预置为 100 分，根据表 6.3 的要求对相应质量子元素中出现的错漏逐个扣分。S_2 的值为

$$S_2 = 100 - [a_1 \times (12/t) + a_2 \times (4/t) + a_3 \times (1/t)] \tag{6.3}$$

式中，S_2 为质量子元素得分，a_1、a_2、a_3 为质量子元素中相应的 B 类错漏、C 类错漏、D 类错漏个数，t 为扣分值调整系数。

4. 质量元素评分方法

采用加权平均法计算质量元素得分。S_1 的值为

$$S_1 = \sum_{i=1}^{n} (S_{2i} \times p_i) \tag{6.4}$$

式中，S_1、S_{2i} 为质量元素、相应质量子元素得分，p_i 为相应质量子元素的权，n 为质量元素包含的质量子元素个数。

5. 单位成果质量评分

采用加权平均法计算单位成果质量得分。S 的值为

$$S = \sum_{i=1}^{n} (S_{1i} \times p_i) \tag{6.5}$$

式中，S、S_{1i} 为单位成果质量、质量元素得分，p_i 为相应质量元素的权，n 为单位成果包含的质量元素个数。

6.4.2　成果质量评定

1. 单位成果质量评定

单位成果质量等级分为优、良、合格、不合格，见表 6.4。

表 6.4　单位成果质量等级评定标准

质量等级	质量得分
优	$S \geqslant 90$ 分
良	75 分 $\leqslant S < 90$ 分
合格	60 分 $\leqslant S < 75$ 分
不合格	$S < 60$ 分

当单位成果出现以下情况之一时，即判定为不合格：

(1)单位成果中出现 A 类错漏。

(2)单位成果高程精度检测、平面位置精度检测及相对位置精度检测，任一项粗差比例超过 5%。

(3)质量子元素中任一项质量得分小于 60 分。

2. 样本质量评定

当样本中出现不合格单位成果时，评定样本质量为不合格。

全部单位成果合格后，根据单位成果的质量得分，按算术平均方式计算样本质量得分 S，按表 6.5 评定样本质量等级。

表 6.5 样本质量等级评定标准

质量等级	质量得分
优	$S \geq 90$ 分
良	75 分 $\leq S < 90$ 分
合格	60 分 $\leq S < 75$ 分

3. 批质量判定

1)最终检查批成果质量评定

最终检查批成果合格后,按以下原则评定批成果质量等级:

(1)优级,即优良品率达到 90%以上,其中优级品率达到 50%以上。

(2)良级,即优良品率达到 80%以上,其中优级品率达到 30%以上。

(3)合格,即未达到上述标准的。

2)批成果质量核定

验收单位根据评定的样本质量等级,核定批成果质量等级。当测绘单位未评定批成果质量等级,或验收单位评定的批成果质量等级与测绘单位评定的批成果质量等级不一致时,以验收单位评定的样本质量等级作为批成果质量等级。

3)批成果质量判定

批成果质量判定的质量等级分为批合格、批不合格。

生产过程中,使用未经计量检定或检定不合格的测量仪器,均判为批不合格。

当详查和概查均为合格时,判为批合格;否则,判为批不合格。若验收中只实施了详查,则只依据详查结果判定批质量。

当详查和概查中发现伪造成果现象或技术路线存在重大偏差,均判为批不合格。

子项目 5 测绘成果的质量元素及检查项

6.5.1 大地测量

大地测量成果主要包括卫星定位测量成果、三角测量成果、导线测量成果、水准测量成果、光电测距成果、天文测量成果、重力测量成果和大地测量计算成果。

卫星定位测量成果的质量元素和检查项见表 6.6。

表 6.6 卫星定位测量成果的质量元素和检查项

质量元素	质量子元素	检查项
数据质量	数学精度	点位中误差与规范及设计书的符合情况;边长相对中误差与规范及设计书的符合情况
	观测质量	仪器检验项目的齐全性,检验方法的正确性;观测方法的正确性,观测条件的合理性;卫星定位测量点水准联测的合理性和正确性;归心元素、天线高测定方法的正确性;卫星高度角、有效观测卫星总数、时段中任一卫星有效观测时间、观测时段数、时段长度、数据采样间隔、位置精度衰减因子、钟漂、多路径效应等参数的规范性和正确性;观测手簿记录和注记的完整性和数字记录、划改的规范性;数据质量检验的符合性;规范和设计方案的执行情况;成果取舍和重测的正确性、合理性

续表

质量元素	质量子元素	检查项
数据质量	计算质量	起算点选取的合理性和起始数据的正确性；起算点的兼容性及分布的合理性；坐标改算方法的正确性；数据使用的正确性和合理性；各项外业验算项目的完整性、方法正确性，各项指标符合性
点位质量	选点质量	点位布设及点位密度的合理性；点位观测条件的符合情况；点位选择的合理性；点之记内容的齐全性、正确性
	埋石质量	埋石坑位的规范性和尺寸的符合性；标石类型和标石埋设规格的规范性；标志类型、规格的正确性；标石质量，如坚固性、规格等；托管手续内容的齐全性、正确性
资料质量	整饰质量	点之记和托管手续、观测手簿、计算成果等资料的规整性；技术总结、检查报告格式的规范性；技术总结、检查报告整饰的规整性
	资料完整性	技术总结编写的齐全和完整情况；检查报告编写的齐全和完整情况；上交资料的齐全性和完整性情况

三角测量成果的质量元素和检查项见表6.7。

表6.7　三角测量成果的质量元素和检查项

质量元素	质量子元素	检查项
数据质量	数学精度	最弱边相对中误差符合性；最弱点中误差符合性；测角中误差符合性
	观测质量	仪器检验项目的齐全性和检验方法正确性；各项观测误差的符合性；归心元素的测定方法、次数、时间及投影偏差情况，觇标高的测定方法及量取部位的正确性；水平角的观测方法、时间选择、光段分布，成果取舍和重测的合理性和正确性；天顶距（或垂直角）的观测方法、时间选择，成果取舍和重测的合理性和正确性；记簿计算正确性、注记的完整性和数字记录、划改的规范性
	计算质量	外业验算项目的齐全性，验算方法的正确性；验算数据的正确性及验算结果的符合性；已知三角点选取的合理性和起始数据的正确性
点位质量	选点质量	点位密度的合理性；点位选择的合理性；锁段图形权倒数值的符合性；展点图内容的完整性和正确性；点之记内容的完整性和正确性
	埋石质量	觇标的结构及橹柱与视线关系的合理性；标石的类型、规格和预制的质量情况；标石的埋设和外部整饰情况；托管手续内容的齐全性和正确性
资料质量	整饰质量	选点、埋石及验算资料整饰的齐全性和规整性；成果资料整饰的规整性；技术总结整饰的规整性；检查报告整饰的规整性
	资料全面性	技术总结内容的齐全性和完整性；检查报告内容的齐全性和完整性；上交资料的齐全性和完整性

导线测量成果的质量元素和检查项见表6.8。

表6.8　导线测量成果的质量元素和检查项

质量元素	质量子元素	检查项
数据质量	数学精度	点位中误差符合性；边长相对精度符合性；方位角闭合差符合性；测角中误差符合性
	观测质量	仪器检验项目的齐全性、检验方法的正确性；各项观测误差的符合性；归心元素的测定方法、次数、时间及投影偏差情况，觇标高的测定方法及量取部位的正确性；水平角和导线测距的观测方法、时间选择、光段分布，成果取舍和重测的合理性和正确性；天顶距（或垂直角）的观测方法、时间选择，成果取舍和重测的合理性和正确性；记簿计算正确性、注记的完整性和数字记录、划改的规范性

续表

质量元素	质量子元素	检查项
数据质量	计算质量	外业验算项目的齐全性，验算方法的正确性；验算数据的正确性及验算结果的符合性；已知三角点选取的合理性和起始数据的正确性；上交资料的齐全性
点位质量	选点质量	导线网网形结构的合理性；点位密度的合理性；点位选择的合理性；展点图内容的完整性和正确性；点之记内容的完整性和正确性；导线曲折度
	埋石质量	觇标的结构及橹柱与视线关系的合理性；标石的类型、规格和预制的规整性；标石的埋设和外部整饰；托管手续内容的齐全性和正确性
资料质量	整饰质量	选点、埋石及验算资料整饰的齐全性和规整性；成果资料整饰的规整性；技术总结整饰的规整性；检查报告整饰的规整性
	资料完整性	技术总结内容的齐全性和完整性；检查报告内容的齐全性和完整性；上交资料的齐全性和完整性

水准测量成果的质量元素和检查项见表 6.9。

表 6.9 水准测量成果的质量元素和检查项

质量元素	质量子元素	检查项
数据质量	数学精度	每千米偶然中误差的符合性；每千米全中误差的符合性
	观测质量	测段、区段、路线闭合差的符合性；仪器检验项目的齐全性、检验方法的正确性；测站观测误差的符合性；对已有水准点和水准路线联测和接测方法的正确性；观测和检测方法的正确性；观测条件选择的正确性、合理性；成果取舍和重测的正确性、合理性；记簿计算正确性、注记的完整性和数字记录、划改的规范性
	计算质量	环闭合差的符合性；外业验算项目的齐全性，验算方法的正确性；已知水准点选取的合理性和起始数据的正确性
点位质量	选点质量	水准路线布设及点位密度的合理性；路线图绘制的正确性；点位选择的合理性；点之记内容的齐全性、正确性
	埋石质量	标石类型的正确性；标石埋设规格的规范性；托管手续内容的齐全性、正确性
资料质量	整饰质量	观测、计算资料整饰的规整性；成果资料整饰的规整性；技术总结整饰的规整性；检查报告整饰的规整性
	资料全面性	技术总结内容的齐全性和完整性；检查报告内容的齐全性和完整性；上交资料的齐全性和完整性

光电测距成果的质量元素和检查项见表 6.10。

表 6.10 光电测距成果的质量元素和检查项

质量元素	质量子元素	检查项
数据质量	数学精度	边长精度超限
	观测质量	仪器检验项目的齐全性、检验方法的正确性；记簿计算正确性、注记的完整性和数字记录、划改的规范性；归心元素测定方法的正确性以及测定时间和投影偏差情况；测距边两端点高差测定方法正确性及精度情况；观测条件选择的正确性、光段分配的合理性，气象元素测定情况；成果取舍和重测的正确性、合理性；观测误差与限差的符合情况；外业验算的精度指标与限差的符合情况

续表

质量元素	质量子元素	检查项
数据质量	计算质量	外业验算项目的齐全性；外业验算方法的正确性；验算结果的正确性；观测成果采用正确性
资料质量	整饰质量	观测、计算资料整饰的规整性；成果资料整饰的规整性；技术总结整饰的规整性；检查报告整饰的规整性
	资料全面性	技术总结内容的齐全性和完整性；检查报告内容的齐全性和完整性；上交资料的齐全性和完整性

天文测量成果的质量元素和检查项见表 6.11。

表 6.11　天文测量成果的质量元素和检查项

质量元素	质量子元素	检查项
数据质量	数学精度	经纬度中误差的符合性；方位角中误差的符合性；正、反方位角之差的符合性
	观测质量	仪器检验项目的齐全性，检验方法的正确性；记簿计算正确性、注记的完整性和数字记录、划改的规范性；归心元素测定方法的正确性；经纬度、方位角观测方法的正确性；观测条件选择的正确性、合理性；成果取舍和重测的正确性、合理性；各项外业观测误差与限差的符合性；各项外业验算的精度指标与限差的符合性
	计算质量	外业验算项目的齐全性；外业验算方法的正确性；验算结果的正确性；观测成果采用正确性
点位质量	选点质量	点位选择的合理性
	埋石质量	天文墩结构的规整性、稳定性；天文墩类型及质量符合性；天文墩埋设规格的正确性
资料质量	整饰质量	观测、计算资料整饰的规整性；成果资料整饰的规整性；技术总结整饰的规整性；检查报告整饰的规整性
	资料全面性	技术总结内容的齐全性和完整性；检查报告内容的齐全性和完整性；上交资料的齐全性和完整性

重力测量成果的质量元素和检查项见表 6.12。

表 6.12　重力测量成果的质量元素和检查项

质量元素	质量子元素	检查项
数据质量	数学精度	重力联测中误差符合性；重力点平面位置中误差符合性；重力点高程中误差符合性
	观测质量	仪器检验项目的齐全性、检验方法的正确性；重力测线安排的合理性，联测方法的正确性；重力点平面坐标和高程测定方法的正确性；成果取舍和重测的正确性、合理性；手簿计算的正确性、注记的完整性和数字记录、划改的规范性；外业观测误差与限差的符合性；外业验算的精度指标与限差的符合性
	计算质量	外业验算项目的齐全性；外业验算方法的正确性；重力基线选取的合理性；起始数据的正确性
点位质量	选点质量	重力点位布设密度的合理性；重力点位选择的合理性；点之记内容的齐全性、正确性
	造埋质量	标石类型的规范性和标石质量情况；标石埋设规格的规范性；照片资料的齐全性；托管手续的完整性

续表

质量元素	质量子元素	检查项
资料质量	整饰质量	观测、计算资料整饰的规整性；成果资料整饰的规整性；技术总结整饰的规整性；检查报告整饰的规整性
	资料完整性	技术总结内容的全面性和完整性；检查报告内容的全面性和完整性；上交成果资料的齐全性

大地测量计算成果的质量元素和检查项见表 6.13。

表 6.13 大地测量计算成果的质量元素和检查项

质量元素	质量子元素	检查项
成果正确性	数学模型	采用基准的正确性；平差方案及计算方法的正确性、完备性；平差图形选择的合理性；计算、改算、平差、统计软件功能的完备性
	计算质量	外业观测数据取舍的合理性、正确性；仪器常数及检定系数选用的正确性；相邻测区成果处理的合理性；计量单位、小数取舍的正确性；起算数据、仪器检验参数、气象参数选用的正确性；计算图、表编制的合理性；各项计算的正确性
成果完整性	整饰质量	各种计算资料的规整性；成果资料的规整性；技术总结的规整性；检查报告的规整性
	资料完整性	成果表编辑或抄录的正确性、全面性；技术总结或计算说明内容的全面性；精度统计资料的完整性；上交成果资料的齐全性

6.5.2 测绘航空摄影

测绘航空摄影成果主要包括航空摄影成果、航空摄影扫描数据和卫星遥感影像。

航空摄影成果的质量元素和检查项见表 6.14。

表 6.14 航空摄影成果的质量元素和检查项

质量元素	检查项
飞行质量	航摄设计；像片重叠度(航向和旁向)；最大和最小航高之差；旋偏角；像片倾斜角；航迹；航线弯曲度；边界覆盖保证；像点最大位移值
影像质量	最大密度 (D_{max})；最小密度(D_{min})；灰雾密度(D_0)；反差(ΔD)；冲洗质量；影像色调；影像清晰度；框标影像
数据质量	完整性；正确性
附件质量	摄区完成情况图、摄区分区图、分区航线结合图、摄区分区航线及像片结合图、航摄鉴定表的完整性、正确性；航摄仪技术参数检定报告的正确性；航摄仪压平检测报告的正确性；各类注记、图表填写的完整性、正确性；航摄胶片感光特性测定及航摄底片冲洗记录的正确性和完整性；成果包装

航空摄影扫描数据的质量元素和检查项见表 6.15。

表 6.15 航空摄影扫描数据的质量元素和检查项

质量元素	检查项
影像质量	影像分辨率的正确性；影像色调是否均匀、反差是否适中；影像清晰度；影像外观质量(噪声、云块、划痕、斑点、污迹等)；框标影像质量
数据质量	原始数据正确性；文件命名、数据组织和数据格式的正确性、规范性；存储数据的介质和规格的正确性；数据内容的完整性
附件质量	元数据文件的正确性、完整性；上交资料的齐全性

卫星遥感影像的质量元素和检查项见表6.16。

表6.16　卫星遥感影像的质量元素和检查项

质量元素	检查项
数据质量	数据格式的正确性；影像获取时的“侧倾角”等主要技术指标
影像质量	影像反差；影像清晰度；影像色调
附件质量	摄影参数文件内容的完整性

6.5.3　摄影测量与遥感

摄影测量与遥感成果主要包括像片控制测量成果、像片调绘成果、空中三角测量成果及中小比例尺地形图。

像片控制测量成果的质量元素和检查项见表6.17。

表6.17　像片控制测量成果的质量元素和检查项

质量元素	质量子元素	检查项
数据质量	数学精度	各项闭合差、中误差等精度指标的符合情况
	观测质量	观测手簿的规整性和计算的正确性；计算手簿的规整性和计算的正确性
布点质量	—	控制点点位布设的正确性、合理性；控制点点位选择的正确性、合理性
整饰质量	—	控制点判、刺的正确性；控制点整饰规范性；点位说明的准确性
附件质量	—	布点略图、成果表

像片调绘成果的质量元素和检查项见表6.18。

表6.18　像片调绘成果的质量元素和检查项

质量元素	检查项
地理精度	地物、地貌调绘的全面性、正确性；地物、地貌综合取舍的合理性；植被、土质符号配置的准确性、合理性；地名注记内容的正确性、完整性
属性精度	各类地物、地貌性质说明，以及说明文字、数字注记等内容的完整性、正确性
整饰质量	各类注记的规整性；各类线划的规整性；要素符号间关系表达的正确性、完整性；像片的整洁度
附件质量	上交资料的齐全性；资料整饰的规整性

空中三角测量成果的质量元素和检查项见表6.19。

表6.19　空中三角测量成果的质量元素和检查项

质量元素	质量子元素	检查项
数据质量	数学基础	大地坐标系、大地高程基准、投影系等
	平面位置精度	内业加密点的平面位置精度
	高程精度	内业加密点的高程精度
	接边精度	区域网间接边精度
	计算质量	基本定向点权，内定向、相对定向精度，多余控制点不符值，公共点较差
布点质量	—	平面控制点和高程控制点是否超基线布控；定向点、检查点设置的合理性、正确性；加密点点位选择的正确性、合理性
附件质量	—	上交资料的齐全性；资料整饰的规整性；点位略图

中小比例尺地形图的质量元素和检查项见表6.20。

表 6.20 中小比例尺地形图的质量元素和检查项

质量元素	质量子元素	检查项
数学精度	数学基础	格网、图廓点、三北方向线
	平面精度	平面绝对位置中误差；接边精度
	高程精度	高程注记点高程中误差；等高线高程中误差；接边精度
数据及结构质量	—	文件命名、数据组织正确性；数据格式的正确性；要素分层的正确性、完备性；属性代码的正确性；属性接边正确性
地理精度	—	地理要素的完整性与正确性；地理要素的协调性；注记和符号的正确性；综合取舍的合理性；地理要素接边质量
整饰质量	—	符号、线划、色彩质量；注记质量；图面要素协调性；图面、图廓外整饰质量
附件质量	—	元数据文件的正确性、完整性；检查报告、技术总结内容的全面性及正确性；成果资料的齐全性；各类报告、附图(接合图、网图)、附表、簿册整饰的规整性

6.5.4 工程测量

工程测量成果主要包括平面控制测量成果、高程控制测量成果、大比例尺地形图、线路测量成果、管线测量成果、变形测量成果、施工测量成果及水下地形测量成果。

平面控制测量成果的质量元素和检查项见表 6.21。

表 6.21 平面控制测量成果的质量元素和检查项

质量元素	质量子元素	检查项
数据质量	数学精度	点位中误差与规范及设计书的符合情况；边长相对中误差与规范及设计书的符合情况
	观测质量	仪器检验项目的齐全性、检验方法的正确性；观测方法的正确性，观测条件的合理性；卫星定位点水准联测的合理性和正确性；归心元素、天线高测定方法的正确性；卫星高度角、有效观测卫星总数、时段中任一卫星有效观测时间、观测时段数、时段长度、数据采样间隔、PDOP 值、钟漂、多路径效应等参数的规范性和正确性；观测手簿记录和注记的完整性和数字记录、划改的规范性，数据质量检验的符合性；水平角和导线测距的观测方法，成果取舍和重测的合理性和正确性；天顶距(或垂直角)的观测方法、时间选择，成果取舍和重测的合理性和正确性；规范和设计方案的执行情况；成果取舍和重测的正确性、合理性
	计算质量	起算点选取的合理性和起始数据的正确性；起算点的兼容性及分布的合理性；坐标改算方法的正确性；数据使用的正确性和合理性；各项外业验算项目的完整性、方法正确性，各项指标符合性
点位质量	选点质量	点位布设及点位密度的合理性；点位满足观测条件的符合情况；点位选择的合理性；点之记内容的齐全性、正确性
	埋石质量	埋石坑位的规范性和尺寸的符合性；标石类型和标石埋设规格的规范性；标志类型、规格的正确性；托管手续内容的齐全性、正确性
资料质量	整饰质量	点之记和托管手续、观测手簿、计算成果等资料的规整性；技术总结整饰的规整性；检查报告整饰的规整性
	资料完整性	技术总结编写的齐全和完整情况；检查报告编写的齐全和完整情况；上交资料的齐全和完整情况

高程控制测量成果的质量元素和检查项见表 6.22。

表 6.22　高程控制测量成果的质量元素和检查项

质量元素	质量子元素	检查项
数据质量	数学精度	每千米高差中数偶然中误差的符合性；每千米高差中数全中误差的符合性；相对于起算点的最弱点高程中误差的符合性
	观测质量	仪器检验项目的齐全性、检验方法的正确性；测站观测误差的符合性；测段、区段、路线闭合差的符合性；对已有水准点和水准路线联测和接测方法的正确性；观测和检测方法的正确性；观测条件选择的正确性、合理性；成果取舍和重测的正确性、合理性；记簿计算正确性、注记的完整性和数字记录、划改的规范性
	计算质量	外业验算项目的齐全性，验算方法的正确性；已知水准点选取的合理性和起始数据的正确性；环闭合差的符合性
点位质量	选点质量	水准路线布设、点位选择及点位密度的合理性；水准路线图绘制的正确性；点位选择的合理性；点之记内容的齐全性、正确性
	埋石质量	标石类型的规范性和标石质量情况；标石埋设规格的规范性；托管手续内容的齐全性
资料质量	整饰质量	观测、计算资料整饰的规整性，各类报告、总结、附图、附表、簿册整饰的完整性；成果资料整饰的规整性；技术总结整饰的规整性；检查报告整饰的规整性
	资料完整性	技术总结、检查报告编写内容的全面性及正确性；提供成果资料项目的齐全性

大比例尺地形图的质量元素和检查项见表 6.23。

表 6.23　大比例尺地形图的质量元素和检查项

质量元素	质量子元素	检查项
数学精度	数学基础	坐标系统、高程系统的正确性；各类投影计算、使用参数的正确性；图根控制测量精度；图廓尺寸、对角线长度、格网尺寸的正确性；控制点间图上距离与坐标反算长度较差
	平面精度	平面绝对位置中误差；平面相对位置中误差；接边精度
	高程精度	高程注记点高程中误差；等高线高程中误差；接边精度
数据及结构质量	—	文件命名、数据组织的正确性；数据格式的正确性；要素分层的正确性、完备性；属性代码的正确性；属性接边质量
地理精度	—	地理要素的完整性与正确性；地理要素的协调性；注记和符号的正确性；综合取舍的合理性；地理要素接边质量
整饰质量	—	符号、线划、色彩质量；注记质量；图面要素协调性；图面、图廓外整饰质量
附件质量	—	元数据文件的正确性、完整性；检查报告、技术总结内容的全面性及正确性；成果资料的齐全性；各类报告、附图（接合图、网图）、附表、簿册整饰的规整性；资料装帧

线路测量成果的质量元素和检查项见表 6.24。

表 6.24　线路测量成果的质量元素和检查项

质量元素	质量子元素	检查项
数据质量	数学精度	平面控制测量、高程控制测量、地形图成果数学精度；点位或桩位测设成果数学精度；断面成果精度与限差的符合情况

续表

质量元素	质量子元素	检查项
数据质量	观测质量	平面控制测量、高程控制测量成果观测质量
	计算质量	验算项目的齐全性和验算方法的正确性;平差计算及其他内业计算的正确性
点位质量	选点质量	控制点布设及点位密度的合理性;点位选择的合理性
	造埋质量	标石类型的规范性和标石质量情况;标石埋设规格的规范性;点之记、托管手续内容的齐全性、正确性
资料质量	整饰质量	观测、计算资料整饰的规整性;技术总结、检查报告整饰的规整性
	资料完整性	技术总结、检查报告内容的全面性;提供项目成果资料的齐全性,各类报告、总结、图、表、簿册资料的完整性

管线测量成果的质量元素和检查项见表 6.25。

表 6.25 管线测量成果的质量元素和检查项

质量元素	质量子元素	检查项
控制测量精度	数学精度	平面控制测量、高程控制测量成果数学精度
管线图质量	数学精度	明显管线点埋深量测精度;隐蔽管线点平面探测精度;隐蔽管线点埋深探查精度;隐蔽管线开挖点精度;管线点平面测量精度;管线点高程测量精度;管线点与地物相对位置测量精度
	地理精度	管线属性的齐全性、正确性、协调性;管线图注记和符号的正确性;管线调查和探测综合取舍的合理性
	逻辑一致性	格式一致性;概念一致性;拓扑一致性
	整饰质量	符号、线划质量;图廓外整饰质量;注记质量;接边质量
资料质量	资料规整性	依据资料、记录图表归档的规整性;各类报告、总结、图、表、簿册整饰的规整性
	资料完整性	工程依据文件;工程凭证资料;原始资料;图表、成果表;元数据;技术报告或技术要求

变形测量成果的质量元素和检查项见表 6.26。

表 6.26 变形测量成果的质量元素和检查项

质量元素	质量子元素	检查项
数据质量	数学精度	基准网精度;水平位移、垂直位移测量精度
	观测质量	仪器设备的符合性;规范和设计方案的执行情况;各项限差与规范或设计书的符合情况;观测方法的正确性,观测条件的合理性;成果取舍和重测的正确性、合理性;观测周期及中止观测时间确定的合理性;数据采集的完整性、连续性
	计算分析	计算项目的齐全性和方法的正确性;平差结果及其他内业计算的正确性;成果资料的整理和整编;成果资料的分析
点位质量	选点质量	基准点、观测点布设及点位密度、位置选择的合理性
	造埋质量	标石类型、标志构造的规范性和质量情况;标石、标志埋设的规范性
资料质量	整饰质量	观测、计算资料整饰的规整性;技术报告、检查报告整饰的规整性
	资料完整性	技术报告、检查报告内容的全面性;提供成果资料项目的齐全性;技术问题处理的合理性

施工测量成果的质量元素和检查项见表 6.27。

表 6.27　施工测量成果的质量元素和检查项

质量元素	质量子元素	检查项
数据质量	数学精度	控制测量精度；点位或桩位测设成果数学精度
	观测质量	仪器检验项目的齐全性、检验方法的正确性；技术设计和观测方案的执行情况；水平角、天顶距、距离观测方法的正确性，观测条件的合理性；成果取舍和重测的正确性、合理性；手簿计算的正确性、注记的完整性和数字记录、划改的规范性；电子记簿记录程序正确性和输出格式的标准化程度；各项观测误差与限差的符合情况
	计算质量	验算项目的齐全性和验算方法的正确性；平差计算及其他内业计算的正确性
点位质量	选点质量	控制点布设及点位密度的合理性；点位选择的合理性
	造埋质量	标石类型的规范性和标石质量情况；标石埋设规格的规范性；点之记内容的齐全性、正确性；托管手续内容的齐全性
资料质量	整饰质量	观测、计算资料整饰的规整性；技术总结、检查报告整饰的规整性
	资料完整性	技术总结、检查报告内容的全面性；提供成果资料项目的齐全性

水下地形测量成果的质量元素和检查项见表 6.28。

表 6.28　水下地形测量成果的质量元素和检查项

质量元素	质量子元素	检查项
数据质量	观测仪器	仪器选择的合理性；仪器检验项目的齐全性、检验方法的正确性
	观测质量	技术设计和观测方案的执行情况；数据采集软件的可靠性；观测要素的齐全性；观测时间、观测条件的合理性；观测方法的正确性；观测成果的正确性、合理性；岸线修测、陆上和海上具有引航作用的重要地物测量、地理要素表示的齐全性与正确性；成果取舍和重测的正确性；重复观测成果的符合性
	计算质量	计算软件的可靠性；内业计算验算情况；计算结果的正确性
点位质量	观测点位	工作水准点埋设、验潮站设立、观测点布设的合理性、代表性；周边自然环境
	观测密度	相关断面线布设及密度的合理性；观测频率、采样率的正确性
资料质量	观测记录	各种观测记录和数据处理记录的完整性
	技术总结	技术总结内容的全面性和规格的正确性；提供成果资料项目的齐全性；成果图绘制的正确性

6.5.5　海洋测绘

海洋测绘成果的质量元素和检查项见表 6.29。

表 6.29　海洋测绘成果的质量元素和检查项

质量元素	质量子元素	检查项
数据质量	观测仪器	仪器选择的合理性；仪器检验项目的齐全性、检验方法的正确性
	观测质量	技术设计和观测方案的执行情况；数据采集软件的可靠性；观测要素的齐全性；观测时间、观测条件的合理性；观测方法的正确性；观测成果的正确性、合理性；岸线修测、陆上和海上具有引航作用的重要地物测量、地理要素表示的齐全性与正确性；成果取舍和重测的正确性、合理性；重复观测成果的符合性
	计算质量	计算软件的可靠性；内业计算验算情况；计算结果的正确性

续表

质量元素	质量子元素	检查项
点位质量	观测点位	工作水准点埋设、验潮站设立、观测点布设的合理性、代表性;周边自然环境
	观测密度	相关断面线布设及密度的合理性;观测频率、采样率的正确性
资料质量	观测记录	各种观测记录和数据处理记录的完整性
	附件及资料	技术总结内容的全面性和规格的正确性;提供成果资料项目的齐全性;成果图绘制的正确性

6.5.6 界线与不动产测绘

界线与不动产测绘成果主要包括行政区域界线测绘成果和不动产测绘成果。不动产测绘成果主要包括控制测量成果、地籍细部测量成果、房产要素测量成果、地籍图、宗地图、房产分幅图、房产分层分户图、房产面积测算成果和房产簿册成果,以及海域权属测绘等其他成果。

行政区域界线测绘成果的质量元素和检查项见表 6.30。

表 6.30 行政区域界线测绘成果的质量元素和检查项

质量元素	质量子元素	检查项
控制测量质量	数学精度	与工程测量平面控制测量、高程控制测量相同
	观测质量	与工程测量平面控制测量、高程控制测量相同
	计算质量	与工程测量平面控制测量、高程控制测量相同
境界图质量	数学精度	界桩点点位精度
	境界要素质量	相关要素的完整性;相关要素的准确性
	境界描述质量	相关要素说明的准确性;境界走向描述的准确性
	整饰质量	符号、线划、色彩质量;注记质量;图面要素协调性;图面、图廓外整饰质量
资料质量	整饰质量	观测、计算资料整饰的规整性;技术总结、检查报告整饰的规整性
	资料完整性	技术总结、检查报告内容的全面性;提供成果资料项目的齐全性

不动产控制测量成果的质量元素和检查项见表 6.31。

表 6.31 不动产控制测量成果的质量元素和检查项

质量元素	质量子元素	检查项
数据质量	起算数据	起算点坐标的正确性;相关控制资料的可靠性
	数学精度	基本控制点精度符合性
	观测质量	仪器检验项目的齐全性,检验方法的正确性;观测方法的正确性;各种记录的规整性;成果取舍和重测的正确性、合理性;各项观测误差符合性
	计算质量	平差计算的正确性
点位质量	选点质量	控制网布设合理性;点位选择的合理性;点之记内容的齐全、清晰性
	埋设质量	标石类型的正确性;标志设置的规范性;标石埋设的规整性
资料质量	整饰质量	观测和计算资料整饰的规整性;成果资料整饰的规整性;技术总结的规整性;检查报告的规整性
	资料完整性	成果资料的完整性;技术总结内容的完整性;检查报告内容的完整性

地籍细部测量成果的质量元素和检查项见表 6.32。

表 6.32　地籍细部测量成果的质量元素和检查项

质量元素	质量子元素	检查项
界址点测量	观测质量	测量方法的正确性;观测手簿记录、属性记录和草图绘制的正确性、完整性;界址点测量方法的正确性;各项观测误差与限差的符合正确性
	数学精度	界址点相对位置精度;界址点绝对位置精度;宗地面积量算精度
地物点测量	观测质量	测量方法的正确性;观测手簿记录、属性记录和草图绘制的正确性、完整性;地物、地类测量精度;各项观测误差与限差的符合情况
	数学精度	地物点相对位置精度;地物点绝对位置精度
资料质量	整饰质量	观测和计算资料整饰的规整性;成果资料整饰的规整性;技术总结、检查报告的规整性
	资料完整性	成果资料的完整性;技术总结、检查报告内容的完整性

房产要素测量成果的质量元素和检查项见表 6.33。

表 6.33　房产要素测量成果的质量元素和检查项

质量元素	质量子元素	检查项
界址测量	观测质量	测量方法的正确性;界址点、境界的正确性;观测手簿记录、属性记录和草图绘制的正确性、完整性
	数学精度	各项观测误差与限差的符合正确性;界址点相对位置精度;界址点绝对位置精度
房屋及其附属设施测量	观测质量	测量方法的正确性;观测手簿记录、属性记录和草图绘制的正确性、完整性
	数学精度	各项观测误差与限差的符合情况;房角点相对位置精度;房角点绝对位置精度
相关地物测量	观测质量	测量方法的正确性;观测手簿记录、属性记录和草图绘制的正确性、完整性
	数学精度	地物点相对位置精度;地物点绝对位置精度
资料质量	整饰质量	成果资料的规范性和整饰、装订的美观性;技术总结、检查报告的规整性
	资料完整性	成果资料的齐全性、完整性;技术总结、检查报告内容的完整性

地籍图的质量元素和检查项见表 6.34。

表 6.34　地籍图的质量元素和检查项

质量元素	质量子元素	检查项
数学精度	数学基础	图廓边长与理论值之差;公里网点与理论值之差;展点精度;两对角线较差;图廓对角线与理论值之差
	平面位置	界址点、线平面位置精度;地物点平面位置精度;地类界的平面位置精度
要素质量	地籍要素	地籍要素表示的正确性
	其他要素	地物要素的正确性;综合取舍的合理性;各要素协调性;图幅接边的正确性
资料质量	整饰质量	注记和符号的正确性;整饰的规整性、正确性
	资料完整性	结合图、编图设计和总结的正确性、全面性

宗地图的质量元素和检查项见表 6.35。

表 6.35　宗地图的质量元素和检查项

质量元素	质量子元素	检查项
数学精度	界址点精度	界址点平面位置精度；界址边长精度
	面积精度	宗地面积的正确性
要素质量	地籍要素	宗地号、宗地名称、界址点符号及编号、界址线、相邻宗地表示的正确性
	其他要素	地物、地类号等表示的正确性
资料质量	整饰质量	注记、符号的正确性；注记、符号的规范性
	资料完整性	设计和总结的全面性

房产分幅图的质量元素和检查项见表 6.36。

表 6.36　房产分幅图的质量元素和检查项

质量元素	质量子元素	检查项
数学精度	数学基础	坐标系统的正确性；各类投影计算、使用参数的正确性；图根控制测量精度；图廓尺寸、对角线长度、格网尺寸的正确性；控制点间图上距离与坐标反算长度较差
	平面位置	界址点、线平面位置精度；境界点、线的平面位置精度；房角点、地物点平面位置精度
要素质量	—	房产要素表示的正确性；综合取舍的合理性；各要素协调性；图幅接边的正确性
资料质量	整饰质量	注记和符号的正确性；整饰的规整性、正确性
	资料完整性	结合图、编图设计和总结正确性、全面性

房产分层分户图的质量元素和检查项见表 6.37。

表 6.37　房产分层分户图的质量元素和检查项

质量元素	质量子元素	检查项
数学精度	房屋边长精度	房屋边长精度
	房屋面积精度	房屋面积的正确性
要素质量	—	宗地号、坐落等属性表示的正确性
资料质量	整饰质量	注记、符号的正确性；注记、符号的规整性
	资料完整性	设计和总结齐全性、规范性

房产面积测算成果的质量元素和检查项见表 6.38。

表 6.38　房产面积测算成果的质量元素和检查项

质量元素	检查项
数学精度	房产面积测算精度
观测质量	测量人员持证上岗符合性；房产测量方法的规范性、正确性（含房屋外围、内部、附属设施、墙体厚度测量）；测量记录的规范性、正确性（含测量草图、房屋基本情况调查表）
计算质量	房产面积技术依据的正确性；房屋边长测量数据处理、非实测数据采用的正确性、合理性；计算全部面积、计算一半面积和不计算面积的规定执行的正确性；共有共用面积分摊、计算的正确性；分类面积数据计算的齐全性；非商用面积计算软件验证的符合性
资料质量	房产面积测量基本要件收集的完整性、有效性；成果报告（含图表数据）的规范性、正确性、完整性

房产簿册成果的质量元素和检查项见表 6.39。

表 6.39　房产簿册成果的质量元素和检查项

质量元素	检查项
房产要素调查	调查内容的正确性、完整性；调查内容的可靠性；地块编号的正确性；调查内容填写的清晰、规整程度
房产簿册、表	内容的正确性、完整性；内容的可靠性；内容填写的清晰程度和装订的规整程度

6.5.7　地理信息系统

地理信息系统的质量元素和检查项见表 6.40。

表 6.40　地理信息系统的质量元素和检查项

质量元素	检查项
资料质量	技术方案完整性；数据处理与质量检查资料齐全性；数据字典规范性和齐全性；评审报告、检查验收报告、技术总结等资料的齐全性
运行环境	硬件平台符合性；软件平台(操作系统、数据库软件平台、地理信息系统软件平台、中间件、应用软件等)的符合性；网络环境的符合性
数据(库)质量	数据组织正确性；数据库结构正确性；空间参考系正确性；数据质量；各类基础地理数据一致性
系统结构与功能	系统结构的正确性；数据库管理方式的符合性；系统功能符合性；服务器、客户端功能划分正确性；系统效率符合性；系统稳定性
系统管理与维护	安全保密管理情况；权限管理情况；数据备份情况；系统维护情况

6.5.8　地图编制

地图编制成果主要包括普通地图的编绘原图和印刷原图、专题地图的编绘原图和印刷原图、地图集、印刷成品。

普通地图的编绘原图和印刷原图的质量元素和检查项见表 6.41。

表 6.41　普通地图的编绘原图和印刷原图的质量元素和检查项

质量元素	检查项
数学精度	展点精度(包括图廓尺寸精度、方里网精度、经纬网精度等)；平面控制点、高程控制点位置精度；地图投影选择的合理性
数据质量	文件命名、数据组织和数据格式的正确性、规范性；数据分层的正确性、完备性
地理精度	制图资料的现势性、完备性；制图综合的合理性；各要素的正确性；图内各种注记的正确性；地理要素的协调性
整饰质量	地图符号、色彩的正确性；注记的正规性、完整性；图廓外整饰要素的正确性
附件质量	图历簿填写的正确性、完整性；图幅接边的正确性；分色参考图(或彩色打印稿)的正确性、完整性

专题地图的编绘原图和印刷原图的质量元素和检查项见表 6.42。

表 6.42　专题地图的编绘原图和印刷原图的质量元素和检查项

质量元素	检查项
数据质量	文件命名、数据组织和数据格式的正确性、规范性；数据分层的正确性、完备性
地图内容质量	地理底图内容的合理性；专题内容的完备性、现势性、可靠性
地图表示质量	各种注记表达的合理性、易读性；分类、分级的科学性；色彩、符号与设计的符合性；表示方法选择的正确性

续表

质量元素	检查项
地图精度	图幅选择投影、比例尺的适宜性；制图网精度；地图内容的位置精度；专题内容的量测精度
图面配置质量	图面配置的合理性；图例的全面性、正确性；图廓外整饰正确性、规范性、艺术性
附件质量	设计书质量；分色样图的质量

地图集的质量元素和检查项见表 6.43。

表 6.43 地图集的质量元素和检查项

质量元素	质量子元素	检查项
整体质量	图集内容思想性	思想正确性；图集宗旨、主题思想明确程度；要素表示正确性
	图集内容全面性、完整性	图集内容的全面性、系统性；图集结构的完整性
	图集内容统一性、协调性	图集内容的统一性、互补性；要素表达的协调性、可比性
图集内图幅质量	—	同专题地图质量元素表中各项(略)

印刷成品的质量元素和检查项见表 6.44。

表 6.44 印刷成品的质量元素和检查项

质量元素	检查项
印刷质量	套印精度；网线、线划粗细变形率；印刷质量；图形质量
拼挂质量	拼贴质量；折叠质量
装订质量	平装：折页、配页质量；订本质量；封面质量；裁切质量
	精装：折页、配页、锁线或无线胶粘质量；图芯脊背、环衬粘贴质量；封面质量；图壳粘贴质量；订本、裁切质量；版心规格

6.5.9 导航电子地图制作

导航电子地图的质量元素和检查项见表 6.45。

表 6.45 导航电子地图的质量元素和检查项

质量元素	检查项
位置精度	平面位置精度
属性精度	属性结构、属性值的正确性
逻辑一致性	道路网络连通性；拓扑关系的正确性；节点匹配的正确性；要素间关系的正确性；要素接边的一致性
完整性与正确性	安全处理符合性；地图内容的现势性；兴趣点完整性；数学基础、数据格式文件命名、数据组织和数据分层的正确性；要素的完备性
图面质量	各种注记表达的合理性、易读性；色彩、符号与设计的符合性；图形质量
附件质量	附件的正确、全面性；成果资料齐全性

6.5.10 互联网地图服务

互联网地图服务的质量元素和检查项见表 6.46。

表 6.46　互联网地图服务的质量元素和检查项

质量元素	检查项
数据质量	空间参考系的正确性,数据组织的正确性;要素分类的正确性;参考地理数据的一致性、完备性
内容与功能的实用性	地图内容的完备性、现势性、可靠性、一致性;数据搜索、属性标注等功能的正确性;系统功能的安全性和地图内容的保密性
表征质量	各种注记表达的合理性、易读性;分类、分级的科学性,色彩、符号与设计的符合性;表达方法选择的正确性;界面的友好性
影像质量	影像分辨率的正确性;影像色调的均匀性;影像接边的正确性
位置精度	地图要素的位置精度和量测精度;地图要素位置精度的安全处理符合性
附件质量	技术总结、检查报告、测试报告的完整性

6.5.11　数字测绘成果

数字测绘成果主要包括数字线划地图(DLG)、数字高程模型(DEM)、数字正射影像图(DOM)、数字栅格地图(DRG),又称为4D数据,其质量元素和检查项见表6.47。

表 6.47　数字测绘成果的质量元素和检查项

质量元素	质量子元素	检查项	适用成果
空间参考系	大地基准	坐标系统	
	高程基准	高程基准	
	地图投影	投影参数;图幅分幅	
位置精度	平面精度	平面位置中误差;控制点坐标;几何位移;矢量接边	
		影像接边	数字正射影像图
		纠正配准	数字栅格地图
	高程精度	等高距;高程注记点高程中误差;等高线高程中误差;控制点高程	
		高程中误差;套合差;同名格网高程值	数字高程模型
属性精度	分类正确性	分类代码值;影像解译分类	
	属性正确性	属性值	
完整性	多余	要素多余	
	遗漏	要素遗漏	
逻辑一致性	概念一致性	属性项;数据集	
	格式一致性	数据归档;数据格式;数据文件;文件命名	
	拓扑一致性	拓扑关系;重合;重复;相接;连续;闭合;打断	
时间精度	现势性	原始资料;成果数据	
影像图或栅格图质量	分辨率	地面分辨率	数字正射影像图
		扫描分辨率	数字正射影像图、数字栅格地图
	格网参数	格网尺寸	数字高程模型
		格网(图幅)范围	数字正射影像图、数字高程模型
	影像特征	色彩模式	数字正射影像图、数字栅格地图
		色彩特征;影像噪声	数字正射影像图

续表

质量元素	质量子元素	检查项	适用成果
影像图或栅格图质量	影像特征	信息丢失	数字正射影像图、数字栅格地图
		颜色值;杂色面积	数字栅格地图
表征质量	几何表达	几何类型;几何异常	
	地理表达	要素取舍;图形概括;要素关系;方向特征	
	符号	符号规格;符号配置	
	注记	注记规格;注记内容;注记配置	
	整饰	内图廓线外整饰;公里网线;经纬网线	
附件质量	元数据	项错漏;内容错漏	
	图历簿	内容错漏	
	附属文档	完整性;正确性;权威性	

注:"适用成果"中无注记的,适用全部成果。

练习与思考题

一、单项选择题

1. 测绘产品验收工作应当在(　　)后进行。

A. 经最终检查合格　　B. 经委托方同意

C. 经过程检查合格　　D. 经测绘项目承担单位同意

2. 测绘产品在检查过程中,当检查员与被检查部门对质量问题的判定存在分歧时,由(　　)负责裁定质量分歧。

A. 测绘单位法定代表人　　B. 测绘单位质量管理机构

C. 测绘单位总工程师　　D. 测绘单位技术负责人

3. 测绘产品质量监督检验的结果,按(　　)判定。

A. 合格、不合格　　B. 批合格、批不合格

C. 合格、批不合格　　D. 批合格、不合格

4. 不属于数字测绘成果质量检查的主要方法是(　　)。

A. 外业检查　　B. 参考数据比对　　C. 内部检查　　D. 野外实测

5. 图类单位成果数学精度检测采用同精度检测时,超过允许中误差(　　)倍的视为粗差。

A. 2　　B. 3　　C. $2\sqrt{2}$　　D. $\sqrt{2}$

二、多项选择题

1. 单位成果出现以下(　　)情况时,即判定为单位成果不合格。

A. 单位成果中出现 A 类错漏

B. 单位成果中出现 B 类错漏

C. 单位成果高程精度检测、平面位置精度检测及相对位置精度检测,任一项粗差比例超过 5%

D. 质量子元素中任一项质量得分小于 60 分

2. 可作为测绘产品质量检查验收依据的文件有(　　)。

A. 测绘项目合同书　　B. 测绘项目技术设计书

C. 有关的法规和技术标准　　D. 测绘项目承担单位的质量管理制度

3. 测绘成果质量检验报告的主要内容包括(　　)。

A. 检验工作概况　　B. 抽样情况

C. 检验内容和方法　　D. 主要质量问题及处理

4. 大比例尺地形图的质量元素包括(　　)。

A. 数学精度　　B. 地理精度

C. 数据及结构正确性　　D. 整饰质量

E. 附件质量

三、问答题

1. 测绘成果质量检查验收“二级检查一级验收”制度的要求有哪些?
2. 测绘成果质量检查验收的依据及应提交检查验收的资料有哪些?
3. 质量问题的处理原则是什么?
4. 数字测绘成果质量检查的方法和方式有哪些?
5. 质量检查验收的质量评分方法及成果质量评定的方法有哪些?
6. 质量检验报告的主要内容有哪些?
7. 主要测绘成果的质量检查元素及检查项有哪些?

项目七　不动产测绘和其他测绘管理

［概述］

本项目介绍了不动产测绘和其他测绘的相关内容，主要包括行政区域界线测绘、地籍测绘、房产测绘等。

［学习目标］

①掌握各类测绘工作的概念、特征；②熟悉不动产测绘和其他相关的测绘管理工作、制度。

子项目 1　地籍测绘管理

不动产指土地、海域以及房屋、林木等定着物。不动产测绘指对土地、海域、房屋等不动产的形状、大小、空间位置及其属性等，进行测定、采集、表述，以及对获取的数据、信息、成果等地理信息进行处理和提供的活动。根据《测绘资质管理办法》和《测绘资质分类分级标准》，界线与不动产测绘包括行政区域界线测绘、不动产测绘和不动产测绘监理，不动产测绘包括地籍测绘、房产测绘和海域权属测绘。

7.1.1　地籍测绘

1. 地籍测绘的概念

地籍测绘是为获取和表达地籍信息所进行的测绘工作，指对地块权属界线的界址点坐标进行精确测定，并把地块及其附着物的位置、面积、权属关系和利用状况等要素准确地绘制在图纸上和记录在专门的表册中的测绘工作。

地籍测绘的主要内容包括平面控制测量、界址测量、其他地籍要素调查与测量、地籍图测绘及面积量算等。地籍测绘成果包括数据集(控制点和界址点坐标等)、地籍图和地籍簿册等。

2. 地籍测绘的特点

地籍测绘有如下特点：

(1)地籍测绘是政府行使土地行政管理职能的具有法律意义的行政性技术行为。

(2)地籍测绘是在地籍调查的基础上进行的，具有勘验取证的法律特征。

(3)地籍测绘为土地管理提供了准确、可靠的地理参考系统。

(4)地籍测绘的技术标准必须符合土地法律法规的要求。

(5)地籍测绘的技术和方法是现代测绘高新技术和方法的应用集成。

(6)地籍测绘工作具有非常强的现势性。

(7)从事地籍测绘的人员应当具有丰富的土地管理知识。

7.1.2　地籍测绘管理

地籍测绘管理的内容包括：

(1)编制地籍测绘规划。

(2)组织管理地籍测绘。

(3)管理地籍测绘资质。

(4)监督管理地籍测绘成果质量。

(5)监督管理地籍测绘标准。

子项目2　房产测绘管理

7.2.1　房产测绘

1. 房产测绘的概念

房产测绘是采集和表述房屋及房屋用地的有关信息，为房产产权、产籍管理，房地产开发利用、交易、征收税费，以及为城镇规划建设提供数据和资料的测绘活动。房产测绘通过测绘地理信息技术手段测定和表述房屋的自然状况、权属状况、位置、数量、质量、利用状况及属性等信息。为加强对房产测绘的管理，《房产测绘管理办法》自 2001 年 5 月 1 日起施行，对房产测绘及其管理作出了具体规定。

2. 房产测绘的内容

房产测绘的主要内容包括房产平面控制测量、房产面积预测算、房产面积测算、房产要素调查与测量、房产变更调查与测量、房产图测绘和建立房产信息系统。房产测绘成果包括房产簿册、房产数据和房产图集等。

随着房地产市场的快速发展和现代测绘地理信息技术的广泛应用，房产测绘的技术手段和方法也越来越多，房产测绘的内容也越来越丰富。

7.2.2　房产测绘委托

1. 需要房产测绘委托情形

需要房产测绘委托的情形包括申请产权初始登记的房屋、自然状况发生变化的房屋、房屋权利人或者其他利害关系人要求测绘的房屋。

2. 委托房产测绘的申请人

委托房产测绘的申请人包括房屋权利申请人、房屋权利人、其他利害关系人和房地产行政主管部门。

房产管理中需要的房产测绘由房地产行政主管部门委托房产测绘单位进行。

3. 房产测绘委托的规定

(1)房产测绘的委托人与房产测绘单位应当签订书面房产测绘合同。

(2)房产测绘单位应当是独立的经济实体，与委托人不得有利害关系，并依法取得房产测绘资质。

(3)房产测绘所需费用由委托人支付，房产测绘收费标准按照国家有关规定执行。

7.2.3　房产测绘资质管理

从事房产测绘应当依法取得载有不动产测绘业务房产测绘子项的测绘资质证书。

7.2.4 房产测绘标准化管理

《测绘法》第二十三条规定，城乡建设领域的工程测量活动，与房屋产权、产籍相关的房屋面积的测量，应当执行由国务院住房城乡建设主管部门、国务院测绘地理信息主管部门组织编制的测量技术规范。

《房产测绘管理办法》第三条规定，房产测绘单位应当严格遵守国家有关法律法规，执行国家房产测量规范和有关技术标准、规定，对其完成的房产测绘成果质量负责。

7.2.5 房产测绘的法律责任

(1)未取得载明房产测绘业务的测绘资格证书从事房产测绘业务，以及承担房产测绘任务超出测绘资格证书所规定的房产测绘业务范围、作业限额的，依照《测绘法》和《测绘资质管理规定》进行处罚。

(2)根据《房产测绘管理办法》，房产测绘单位有下列情形之一的，由县级以上人民政府房地产行政主管部门给予警告并责令限期改正，并可处以1万元以上3万元以下的罚款；情节严重的，由发证机关予以降级或取消其房产测绘资格：

——在房产面积测算中不执行国家标准、规范和规定的。

——在房产面积测算中弄虚作假、欺骗房屋权利人的。

——房产面积测算失误，造成重大损失的。

子项目3 行政区域界线测绘管理

7.3.1 国界线测绘管理

1. 国界线测绘的概念

国界线指相邻国家领土的分界线，是划分国家领土范围的界线，也是国家行使领土主权的界线。国界线测绘是指为划定国家间的共同边界线而进行的测绘活动，是与邻国明确划定边界线、签订边界条约和议定书，以及日后定期进行联合检查的基础工作。国界线测绘的主要成果是边界线位置和走向的文字说明、界桩点坐标及边界线地形图。

2. 国界线测绘的特点

(1)国界线测绘涉及国家主权和领土完整。

(2)国界线测绘涉及国家的外交关系和政治主张。

(3)国界线测绘涉及国家安全和利益，属于国家秘密范围。

3. 国界线测绘管理

国界线测绘具有严格的法定性、政治性和严肃性。因此，国家对国界线测绘活动的管理十分严格。

《测绘法》第二十条规定，中华人民共和国国界线的测绘，按照中华人民共和国与相邻国家缔结的边界条约或者协定执行，由外交部组织实施。中华人民共和国地图的国界线标准样图，由外交部和国务院测绘地理信息主管部门拟定，报国务院批准后公布。

7.3.2　行政区域界线测绘管理

1. 行政区域界线测绘的概念

行政区域界线指国务院或者省、自治区、直辖市人民政府批准的行政区域毗邻的各有关人民政府行使行政区域管辖权的分界线。

行政区域界线测绘是利用测绘技术手段和原理，为划定行政区域界线的走向、分布及周边地理要素而进行的测绘工作，是有关主管部门为勘定行政区域界线而实施的一种行政行为。

行政区域界线测绘的成果具有法律效力，因此，行政区域界线测绘被认定是一种法定测绘。为了加强行政区域界线管理，巩固行政区域界线勘定成果，维护行政区域界线附近地区稳定，2002 年 5 月国务院颁布了《行政区域界线管理条例》，并自 2002 年 7 月 1 日起施行。

2. 行政区域界线测绘的内容

行政区域界线测绘的内容包括界桩埋设、边界点测定、边界线及相关地形要素调绘、边界协议书附图标绘、边界点位置和边界线走向说明的编写。

3. 行政区域界线测绘管理

行政区域界线测绘管理，是测绘地理信息管理的重要组成部分。

《测绘法》第二十一条规定，行政区域界线的测绘，按照国务院有关规定执行；省、自治区、直辖市和自治州、县、自治县、市行政区域界线的标准画法图，由国务院民政部门和国务院测绘地理信息主管部门拟定，报国务院批准后公布。

7.3.3　权属界线测绘管理

1. 权属界线测绘

权属界线测绘指测定权属界线的走向和界址点的坐标及绘制权属界线图的活动。

权属界线测绘的成果，主要包括权属调查表、权属界址点坐标、权属面积统计表、权属界线图等。

2. 权属界线测绘管理

权属界线测绘属于十分重要的测绘活动，必须按照《测绘法》及相关法规、规章的规定进行。从事权属界线测绘，必须依法取得相应等级和业务范围的测绘资质证书，依法履行相应的法律义务。

《测绘法》第二十二条中规定，测量土地、建筑物、构筑物和地面其他附着物的权属界址线，应当按照县级以上人民政府确定的权属界线的界址点、界址线或提供的有关登记资料和附图进行；权属界址线发生变化的，有关当事人应当及时进行变更测绘。

子项目 4　海洋测绘管理

7.4.1　海洋测绘

1. 海洋测绘的概念

海洋测绘是测绘学科的一个分支，是以海洋为对象的测绘活动的总称。其任务是对海洋及其邻近陆地和江河湖泊进行测量和调查，获取海洋基础地理信息，编制各种海图和航海资料，为航海、国防建设、海洋开发和研究服务。

根据《测绘资质分类分级标准》，海洋测绘的主要内容包括海岸地形测量、水深测量、水文观测、海洋工程测量、扫海测量、深度基准测量、海图编制和海洋测绘监理。

2. 海洋测绘的特点

(1)海洋测绘是在不断运动着的海面上进行的,其研究对象是海洋及海洋中的各种自然现象和人文现象,所以观测的精度不及陆地。

(2)海洋测绘的主要载体是船舶,垂直坐标和船体的平面位置同步测定。

(3)海洋测绘所使用的仪器设备有其特殊性,海洋测绘充分利用声、光、电原理。

(4)在海上测定的海底某点的深度指其低于大地水准面或水深基准面多少。

(5)陆地地形测量及工程制图大多采用高斯-克吕格投影,而海洋制图还有墨卡托投影、通用横墨卡托投影(UTM)等方式,尤其是海洋制图大多采用墨卡托投影。

(6)海洋测绘深受潮汐、海流和温度的影响,必须考虑这些因素对测量结果予以修正。

7.4.2 海洋测绘管理

(1)从事海洋测绘活动,必须遵守《测绘法》及有关的法律、法规和规章,必须依法取得海洋测绘资质。

(2)根据《测绘法》规定,海洋基础测绘工作由军事测绘部门按照国务院、中央军事委员会规定的职责分工具体负责。

——第四条中规定,军队测绘部门负责管理军事部门的测绘工作,并按照国务院、中央军事委员会规定的职责分工负责管理海洋基础测绘工作。

——第十七条规定,军队测绘部门负责编制军事测绘规划,按照国务院、中央军事委员会规定的职责分工负责编制海洋基础测绘规划,并组织实施。

子项目 5 地理信息系统工程管理

7.5.1 地理信息系统

1. 地理信息系统的概念

地理信息系统(GIS)是一种特定的空间信息系统 ,是在计算机硬件、软件系统支撑下,对整个或部分地球表层(包括大气层)空间中的有关地理分布数据进行采集、存储、管理、运算、分析、显示和描述的技术系统。地理信息系统处理、管理的对象是多种地理空间实体数据及其相互之间的关系,包括空间定位数据、图形数据、遥感影像数据、属性数据等,用于分析和处理一定地理区域内分布的各种现象和过程,以解决复杂的管理、规划和决策问题。

《测绘资质分类分级标准》中将地理信息系统工程划分为地理信息数据采集、地理信息数据处理、地理信息系统及数据库建设、地面移动测量、地理信息软件开发、地理信息系统工程监理。

2. 地理信息系统的特点

(1)地理信息系统是计算机化的技术系统。

(2)地理信息系统的操作对象是空间数据。

(3)地理信息系统的技术优势在于它的数据综合、模拟和分析评价能力。

(4)地理信息系统与测绘学和地理学有着密切的关系。

(5)建立地理信息系统是一种测绘活动。

(6)地理信息系统具有标准化、数字化和多维结构的特点。

7.5.2 地理信息系统工程管理规定

1. 国家制定基础地理信息数据的标准

《测绘法》第五条规定,从事测绘活动,应当使用国家规定的测绘基准和测绘系统,执行国家规定的测绘技术规范和标准。

基础地理信息数据采用的标准必须是由国家标准化主管部门依据标准化法颁布的国家标准,根据有关行业标准生产的基础地理信息数据不能作为建立地理信息系统的基础数据。

2. 地理信息系统数据管理

《测绘法》第二十四条规定,建立地理信息系统,应当采用符合国家标准的基础地理信息数据。

第四十条中规定,县级以上人民政府测绘地理信息主管部门应当及时获取、处理、更新基础地理信息数据,通过地理信息公共服务平台向社会提供地理信息公共服务,实现地理信息数据开放共享。

第五十二条中规定,采用不符合国家标准的基础地理信息数据建立地理信息系统的,给予警告,责令改正,可以并处50万元以下的罚款;对直接负责的主管人员和其他直接责任人员,依法给予处分。

3. 地理信息系统资质管理

从事地理信息系统工程建设的单位,应当依法取得载有地理信息系统工程业务的测绘资质证书,并在资质等级许可的范围内从事地理信息系统工程建设活动。对于没有依法取得测绘资质证书,违法从事地理信息系统建设的单位,各级测绘地理信息主管部门要依法予以查处。

子项目6 外国的组织或者个人来华测绘管理

7.6.1 外国的组织或者个人来华测绘

1. 来华测绘的概念

为加强对外国的组织或者个人在中华人民共和国领域和管辖的其他海域从事测绘活动的管理,维护国家安全和利益,促进中外经济、科技的交流与合作,《测绘法》和《外国的组织或者个人来华测绘管理暂行办法》及其他有关法律法规对来华测绘作出了规定。

外国的组织或者个人来华测绘管理指对外国的组织或者个人来华从事非商业性测绘活动,采取合资、合作的方式来华从事商业性测绘活动,以及一次性测绘活动的监督管理。

2. 来华测绘遵循的原则

(1)必须遵守中华人民共和国的法律、法规和国家有关规定。

(2)不得涉及中华人民共和国的国家秘密。

(3)不得危害中华人民共和国的国家安全。

7.6.2 来华测绘的管理

1. 合资、合作测绘不得从事的活动

(1)大地测量。

(2)测绘航空摄影。

(3)行政区域界线测绘。

(4)海洋测绘。

(5)地形图、世界政区地图、全国政区地图、省级及以下政区地图、全国性教学地图、地方性教学地图和真三维地图的编制。

(6)导航电子地图编制。

(7)国务院自然资源主管部门规定的其他测绘活动。

2. 合资、合作企业申请测绘资质应当具备的条件

(1)符合《中华人民共和国测绘法》以及外商投资的法律法规的有关规定。

(2)符合《测绘资质管理办法》的有关要求。

(3)已经依法进行企业登记,并取得中华人民共和国法人资格。

3. 合资、合作企业申请测绘资质应当提供的材料

(1)《测绘资质管理办法》中要求提供的申请材料。

(2)企业法人资格证书。

(3)国务院自然资源主管部门规定应当提供的其他材料。

4. 一次性测绘

经国务院及其有关部门或者省、自治区、直辖市人民政府批准,外国的组织或者个人来华开展科技、文化、体育等活动时,需要进行一次性测绘活动的,可以不设立合资、合作企业,但是必须经国务院自然资源主管部门会同军队测绘主管部门批准,并与中华人民共和国的有关部门和单位的测绘人员共同进行。

1)申请一次性测绘应当提交的申请材料

(1)申请表。

(2)国务院及其有关部门或者省、自治区、直辖市人民政府的批准文件。

(3)按照法律法规规定应当提交的有关部门的批准文件。

(4)外国组织或者个人的身份证明和有关资信证明。

(5)测绘活动的范围、路线、测绘精度及测绘成果形式的说明。

(6)测绘活动时使用的测绘仪器、软件和设备的清单和情况说明。

(7)中华人民共和国现有测绘成果不能满足项目需要的说明。

2)一次性测绘取得国务院自然资源主管部门的批准文件的程序

(1)提交申请。经国务院及其有关部门或者省、自治区、直辖市人民政府批准,外国的组织或者个人来华开展科技、文化、体育等活动时,需要进行一次性测绘活动的,应当向国务院自然资源主管部门提交申请材料。

(2)受理。国务院自然资源主管部门在收到申请材料后依法作出是否受理的决定。

(3)审查。国务院自然资源主管部门决定受理后10个工作日内送军队测绘主管部门会同审查,并在接到会同审查意见后10个工作日内作出审查决定。

(4)批准。准予一次性测绘的，由国务院自然资源主管部门依法向申请人送达批准文件，并抄送测绘活动所在地的省、自治区、直辖市人民政府自然资源主管部门；不准予一次性测绘的，应当作出书面决定。

5. 监督管理

县级以上地方人民政府自然资源主管部门，应当加强对本行政区域内来华测绘的监督管理，定期对下列内容进行检查：

(1)是否涉及国家安全和秘密。

(2)是否在测绘资质证书载明的业务范围内进行。

(3)是否按照国务院自然资源主管部门批准的内容进行。

(4)是否按照《中华人民共和国测绘成果管理条例》的有关规定汇交测绘成果副本或者目录。

(5)是否保证了中方测绘人员全程参与具体测绘活动。

6. 罚则

1)《测绘法》规定

外国的组织或者个人未经批准，或者未与中华人民共和国有关部门、单位合作，擅自从事测绘活动的，责令停止违法行为，没收违法所得、测绘成果和测绘工具，并处10万元以上50万元以下的罚款；情节严重的，并处50万元以上100万元以下的罚款，限期出境或者驱逐出境；构成犯罪的，依法追究刑事责任。

2)《外国的组织或者个人来华测绘管理暂行办法》规定

(1)有下列行为之一的，由国务院自然资源主管部门撤销批准文件，责令停止测绘活动，处3万元以下罚款。有关部门对中方负有直接责任的主管人员和其他直接责任人员，依法给予处分；构成犯罪的，依法追究刑事责任。对形成的测绘成果依法予以收缴：

——以伪造证明文件、提供虚假材料等手段，骗取一次性测绘批准文件的。

——超出一次性测绘批准文件的内容从事测绘活动的。

(2)未经依法批准将测绘成果携带或者传输出境的，由国务院自然资源主管部门处3万元以下罚款；构成犯罪的，依法追究刑事责任。

(3)来华测绘涉及中华人民共和国的国家秘密或者危害中华人民共和国的国家安全的行为的，依法追究其法律责任。

练习与思考题

一、单项选择题

1. 根据《测绘法》，拟订中华人民共和国地图的国界线标准样图的部门是(　　)。

A. 外交部

B. 国务院测绘地理信息主管部门

C. 军队测绘部门

D. 外交部和国务院测绘地理信息主管部门

2. 根据《测绘法》，拟订省、自治区、直辖市和自治州、县、自治县、市行政区域界线的标准画法图的部门是(　　)。

A. 国务院测绘地理信息主管部门

B. 国务院民政部门

C. 国务院民政部门和国务院测绘地理信息主管部门

D. 国务院民政部门会同国务院其他有关部门

3. 权属界址线发生变化时，有关当事人应当及时进行(　　)。

A. 地籍测绘　　B. 地形测绘　　C. 控制测量　　D. 变更测绘

二、问答题

1. 我国是如何进行行政区域界线测绘管理的？
2. 权属界线测绘的主要内容是什么？
3. 海洋测绘的特点有哪些？

项目八　测绘成果管理

[概述]

本项目主要介绍了测绘成果质量、测绘成果的汇交与保管制度、测绘成果保密制度、测绘成果的提供及使用、重要地理信息数据的审核公布管理、地图管理的有关制度和测绘成果产权保护。

[学习目标]

①认识测绘成果及其重要作用；②掌握测绘成果的汇交管理；③掌握测绘成果的保管；④熟悉测绘成果的提供利用及产权保护；⑤熟悉重要地理信息数据的审核与公布；⑥掌握地图管理方法。

子项目 1　测绘成果概述

8.1.1　测绘成果的概念与形式

1. 测绘成果的概念

测绘成果是指通过测绘形成的数据、信息、图件及相关的技术资料，是各类测绘活动形成的记录和描述自然地理要素或者地表人工设施的形状、大小、空间位置及其属性的地理信息、数据、资料、图件和档案。

测绘成果分为基础测绘成果和非基础测绘成果，其中基础测绘成果包括全国性基础测绘成果和地区性基础测绘成果。

2. 测绘成果的表现形式

测绘成果的表现形式，涉及数据、信息、图件及相关的技术资料等，主要表现为：

(1)天文测量、大地测量、卫星大地测量、重力测量的数据和图件。

(2)航空航天摄影和遥感的底片、磁带。

(3)各种地图(包括地形图、普通地图、地籍图、海图和其他有关的专题地图等)及其数字化成果。

(4)各类基础地理信息以及在基础地理信息基础上挖掘、分析形成的信息。

(5)工程测量数据和图件。

(6)地理信息系统中的测绘数据及其运行软件。

(7)其他有关地理信息数据。

(8)与测绘成果直接有关的技术资料和档案等。

8.1.2　测绘成果的特点

测绘成果是国家重要的基础性信息资源，作为测绘成果主要表现形式的基础地理信息是数据量最大、覆盖面最宽、应用面最广的战略性信息资源之一。基础地理信息资源的规模、品种和服务水平等已经成为国家信息化水平的一个重要标志。从测绘成果本身的含义及应用范围等方面归纳分析，可以看出测绘成果具有以下特点。

1. 科学性

测绘成果的生产、加工和处理等各个环节，都是依据一定的数学基础、测量理论，借助特定的测绘仪器设备和特定的软件系统来进行的，因此具有科学性。

2. 保密性

测绘成果涉及自然地理要素和地表人工设施的形状、大小、空间位置及其属性，大部分测绘成果都涉及国家安全和利益，具有严格的保密性。

3. 系统性

不同的测绘成果和其不同的表示形式，都依据一定的数学基础和投影法则，在一定的测绘基准和测绘系统控制下，按照“先控制后碎部，先整体后局部”的原则，有着内在的关联，所以具有系统性。

4. 专业性

不同种类的测绘成果，由于专业方向不同，其表示形式和精度要求也不尽相同。例如，大地测量成果与房产测绘成果就有着明显的区别，且均带有很强的专业性。

5. 具有著作权

测绘成果作为地图作品和文字作品，同时具有著作权。但测绘成果中的数据信息又直接关系到国家安全，涉及重大的公共利益问题，这就使得测绘成果在著作权主体、权利行使、处分等方面具有特殊性。

子项目 2　测绘成果质量

8.2.1　测绘成果质量的概念

测绘成果质量是指测绘成果符合国家规定的测绘技术规范和标准，以及满足用户需求的特征、特性。测绘成果质量不仅关系到各项工程建设的质量和安全，还关系到国家规划决策的科学性、准确性，而且涉及国家主权、利益和民族尊严。因此，加强测绘成果质量管理，保证测绘成果质量，具有十分重要的意义。

8.2.2　测绘成果质量的监督管理

为加强测绘成果质量管理，原国家测绘地理信息局于 2015 年 6 月印发了《测绘地理信息质量管理办法》，以规范测绘成果质量管理责任。

《测绘法》第三十九条中规定，县级以上人民政府测绘地理信息主管部门应当加强对测绘成果质量的监督管理。

依法进行测绘成果质量监督管理，是各级测绘地理信息主管部门的法定职责，是测绘成果管理的重要组成部分。

1. 国务院测绘地理信息主管部门主要职责

(1)负责全国测绘地理信息质量的统一监督管理。

(2)对测绘地理信息质量实行监督检查制度。

(3)按年度制定国家测绘地理信息质量监督检查计划。

(4)组织建立国家测绘地理信息成果质量检验专家库,专家库成员参加国家测绘地理信息成果质量监督检验工作。

(5)依法设立自然资源部测绘成果质量检验机构(简称“国家测绘质检机构”)。

2. 县级以上地方人民政府测绘地理信息主管部门主要职责

(1)应当严格依法行政,负责本行政区域内测绘地理信息质量监督管理。

(2)强化对测绘单位质量工作的日常监督管理,强化对测绘地理信息生产过程和成果质量的监督管理,强化对重大测绘地理信息项目和重大建设工程测绘地理信息项目质量的监督管理。

(3)依据上一级质量监督检查计划并结合本地情况,安排本级监督检查工作,报上一级测绘地理信息主管部门备案。

(4)应依法向社会公布监督检查结果,确属不宜向社会公布的,应依法抄告有关主管部门、有关权利人和利害相关人,并向上一级测绘地理信息主管部门备案。

(5)负责受理本行政区域内的测绘地理信息质量投诉、检举、申诉,依法进行处理。

(6)应加强对本行政区域内测绘单位、测绘地理信息项目质量和监督检查结果等信息的收集、汇总、分析和管理,下一级向上一级报告年度质量信息。

(7)应鼓励采用先进的科学技术和管理方法,提高测绘地理信息成果质量,对测绘地理信息质量管理先进、成果质量优异的单位和个人,给予表彰和奖励。

3. 测绘单位职责

《测绘地理信息质量管理办法》第四条规定,从事测绘地理信息活动的单位应建立健全质量管理体系,完善质量责任制度,依法取得测绘资质,依法对成果质量承担相应责任。

1)测绘单位应当建立健全测绘成果质量管理体系

(1)测绘单位应按照质量管理体系建设要求,建立健全覆盖本单位测绘地理信息业务范围的质量管理体系,规范质量管理行为,确保质量管理体系的有效运行。

(2)测绘资质单位应设立技术和质量管理机构;明确技术与质量管理的主管领导与负责人,配备与业务相适应的质检专业人员。

(3)测绘单位应当按照国家的《测绘资质分类分级标准》规定,全面推行质量管理,建立和完善测绘质量体系。

2)测绘单位应完善质量责任制度

测绘单位应建立质量责任制度,明确岗位职责,制定并落实岗位考核办法和质量责任(见表8.1)。《测绘生产质量管理规定》规定,测绘单位必须建立以质量为中心的技术经济责任制,明确各部门、各岗位的职责及相互关系,规定考核办法,以作业质量、工作质量确保测绘产品质量。

测绘单位可以按照测绘项目的实际情况实行项目质量负责人制度。项目质量负责人对该测绘项目的产品质量负直接责任。各级质量检查人员对其所检查的产品质量负责,并有权予以质量否决,有权越级反映质量问题。

表 8.1 测绘单位主要人员的质量责任

质量责任人	质量责任
测绘单位的法定代表人	确定本单位的质量方针和质量目标，签发质量手册；建立本单位的质量体系并保证其有效运行；对提供的测绘产品承担产品质量责任
测绘单位的质量主管负责人	按照职责分工负责质量方针、质量目标的贯彻实施，签发有关的质量文件及作业指导；组织编制测绘项目的技术设计书，并对设计质量负责；处理生产过程中的重大技术问题和质量争议；审核技术总结；审定测绘产品的交付验收
测绘单位的质量管理、质量检查机构及质量检查人员	在规定的职权范围内，负责质量管理的日常工作；编制年度质量计划，贯彻技术标准及质量文件；对作业过程进行现场监督和检查，处理质量问题；组织实施内部质量审核工作

3)测绘单位对其完成的测绘成果质量负责，承担相应的质量责任

(1)测绘单位是测绘成果生产的主体，必须自觉遵守国家有关质量管理的法律、法规和规章，对其完成的测绘地理信息成果质量负责，所交付的成果必须保证是合格品。

(2)测绘成果质量不合格的，不准提供使用，否则要依法承担相应的法律责任。测绘成果质量不合格的，责令测绘单位补测或者重测；情节严重的，责令停业整顿，并处降低测绘资质等级或者吊销测绘资质证书；造成损失的，依法承担赔偿责任。

(3)测绘单位应建立质量信息征集机制，主动征求用户对测绘地理信息成果质量的意见，并为用户提供咨询服务。测绘单位应及时、认真地处理用户的质量查询和反馈意见。与用户发生质量争议的，报项目所在地测绘地理信息主管部门进行处理，或依法诉讼。

4)对测绘单位实施测绘地理信息项目的相关要求

(1)仪器设备。测绘地理信息项目实施所使用的仪器设备应按照国家有关规定进行检定、校准。用于基础测绘项目和规模化测绘地理信息生产的新技术、新工艺、新软件等，须得到项目组织方同意或通过由项目组织方组织的检验、测试或鉴定。

(2)“二级检查一级验收”制度。测绘地理信息项目实行“二级检查一级验收”制度。作业部门负责过程检查，测绘单位负责最终检查。过程成果达到规定的质量要求后方可转入下一工序。必要时，可在关键工序、难点工序设置检查点，或开展首件成果检验。项目委托方负责项目验收。基础测绘项目、测绘地理信息专项和重大建设工程测绘地理信息项目的成果未经测绘质检机构实施质量检验，不得采取材料验收、会议验收等方式验收，以确保成果质量；其他项目的验收应根据合同约定执行。测绘地理信息项目通过验收后，测绘单位应将项目质量信息报送项目所在地测绘地理信息主管部门。

(3)监理工作。国家法律法规或委托方明确要求实施监理的测绘地理信息项目，应依法开展监理工作，监理单位资质及监理工作实施应符合相关规定。监理单位对其出具的监理报告负责。

(4)合同评审制度。测绘单位应建立合同评审制度，确保具有满足合同要求的实施能力。测绘地理信息项目实施，应坚持先设计后生产，不允许边设计边生产，禁止没有设计就进行生产。技术设计文件需要审核的，由项目委托方审核批准后实施。

(5)分包责任。测绘地理信息项目依照国家有关规定实行项目分包的，分包出的任务由总承包方向发包方负完全责任。

子项目 3　测绘成果的汇交与保管

8.3.1　测绘成果汇交

为充分发挥测绘成果的作用，提高测绘成果的使用效益，降低政府行政管理成本，实现测绘成果的共建共享，国家实行测绘成果汇交制度。

测绘成果汇交是指向法定的测绘公共服务和公共管理机构提交测绘成果副本或者目录，由测绘公共服务和公共管理机构编制测绘成果目录，并向社会发布信息，利用汇交的测绘成果副本更新测绘公共产品和依法向社会提供利用。

1. 测绘成果汇交特点

1)法定性

测绘成果汇交制度是《测绘法》确定的一项重要法律制度。《测绘法》和《中华人民共和国测绘成果管理条例》(以下简称“《测绘成果管理条例》”)不仅规定了测绘成果汇交的主体、接受主体和汇交的形式，同时也规定了测绘成果汇交的具体内容和具体程序。因此，测绘成果汇交具有法定性。

2)无偿性

测绘成果汇交的目的是促进测绘成果的广泛利用，提高测绘成果的使用效益。《测绘成果管理条例》第七条规定，测绘成果的目录和副本实行无偿汇交。汇交的测绘成果副本的版权依法受到保护，任何部门和单位不得向第三方提供。

3)完整性

测绘成果具有科学性、系统性和专业性等特点，测绘成果所包含的数据、信息、图件以及相关的技术资料是有机统一的整体，不可分割。因此，汇交的测绘成果必须完整。

4)时效性

测绘成果所承载的自然地理要素或者地表人工设施的形状、大小、空间位置及其属性信息不断发生变化，测绘成果汇交必须坚持一定的时效性。《测绘成果管理条例》第九条规定，测绘项目出资人或者承担国家投资的测绘项目的单位应当自测绘项目验收完成之日起 3 个月内，向测绘地理信息主管部门汇交测绘成果副本或者目录。

2. 测绘成果汇交的主体

1)测绘项目出资人

按照现行测绘法律、行政法规的规定，对没有使用国家投资的测绘项目，或者由公民、法人或者其他组织自行出资的测绘项目，由测绘项目出资人按照规定向测绘项目所在地的省、自治区、直辖市测绘地理信息主管部门汇交测绘成果目录，测绘成果汇交的主体为测绘项目出资人。依法汇交测绘成果目录，是测绘项目出资人的法定义务。

2)承担测绘项目的测绘单位

基础测绘项目或者国家投资的其他测绘项目，测绘成果汇交的主体为承担测绘项目的单位，由测绘单位汇交测绘成果副本或者目录。中央财政投资完成的测绘项目，由承担测绘项目的单位向国务院测绘地理信息主管部门汇交测绘成果资料；地方财政投资完成的测绘项目，由承担测绘项目的单位向测绘项目所在地的省、自治区、直辖市人民政府测绘地理信息主管部门汇交测绘成果资料；属于基础测绘的，承担测绘项目的单位依法汇交测绘成果副本。

3)中方部门或者单位

《测绘成果管理条例》对外国的组织或者个人与中华人民共和国有关部门或者单位合资、合作，经批准在中华人民共和国领域内从事测绘活动的，明确规定测绘成果归中方部门或者单位所有，并由中方部门或者单位向国务院测绘地理信息主管部门汇交测绘成果副本。

4)市、县级测绘地理信息主管部门

测绘单位或者测绘项目出资人按照属地管理的原则，将测绘成果资料汇交至所在地测绘地理信息主管部门，然后按照规定的时限，由市、县级测绘地理信息主管部门统一汇交至省级测绘地理信息主管部门。

3. 测绘成果汇交的内容

按照《测绘法》《测绘成果管理条例》和《关于汇交测绘成果目录和副本的实施办法》规定，测绘成果汇交的主要内容包括测绘成果的目录和副本两部分。测绘成果目录分为全国测绘成果目录和省级测绘成果目录。

1)测绘成果目录

(1)按国家基准和技术标准施测的一、二、三、四等天文、三角、导线、长度、水准测量成果的目录。

(2)重力测量成果的目录。

(3)具有稳固地面标志的卫星定位测量、多普勒定位测量、卫星激光测距(SLR)等空间大地测量成果的目录。

(4)用于测制各种比例尺地形图和专业测绘的航空摄影底片的目录。

(5)我国自己拍摄的和收集国外的可用于测绘或修测地形图及其他专业测绘的卫星摄影底片和磁带的目录。

(6)面积在 10 km^2 以上的 1∶500～1∶2 000 比例尺地形图和整幅的 1∶5 000～1∶100 万比例尺地形图(包括影像地图)的目录。

(7)其他普通地图、地籍图、海图和专题地图的目录。

(8)上级有关部门主管的跨省区、跨流域，面积在 50 km^2 以上，以及其他重大国家项目的工程测量的数据和图件目录。

(9)县级以上地方人民政府主管的面积在省管限额以上(由各省、自治区、直辖市人民政府确定)的工程测量的数据和图件目录。

2)测绘成果副本

(1)按国家基准和技术标准施测的一、二、三、四等天文、三角、导线、长度、水准测量成果的成果表、展点图(路线图)、技术总结和验收报告的副本。

(2)重力测量成果的成果表(含重力值归算、点位坐标和高程、重力异常值)、展点图、异常图、技术总结和验收报告的副本。

(3)具有稳固地面标志的卫星定位测量、多普勒定位测量、卫星激光测距(SLR)等空间大地测量的测量成果、布网图、技术总结和验收报告的副本。

(4)正式印制的地图，包括各种正式印刷的普通地图、政区地图、教学地图、交通旅游地图，以及全国性和省级的其他专题地图。

3)基础测绘成果汇交的内容

依据《测绘法》和《测绘成果管理条例》的规定,测绘成果属于基础测绘成果的,应当汇交副本;属于非基础测绘成果的,应当汇交目录。

下列测绘成果为基础测绘成果:

(1)为建立全国统一的测绘基准和测绘系统进行的天文测量、三角测量、水准测量、卫星大地测量、重力测量所获取的数据、图件。

(2)基础航空摄影所获取的数据、影像资料。

(3)遥感卫星和其他航天飞行器对地观测所获取的基础地理信息遥感资料。

(4)国家基本比例尺地图、影像图及其数字化产品。

(5)基础地理信息系统的数据、信息等。

上述基础测绘成果应当由承担基础测绘项目的测绘单位依法汇交测绘成果副本。

4. 测绘成果汇交管理规定

(1)测绘地理信息主管部门自收到汇交的测绘成果副本或者目录之日起 10 个工作日内,应当将其移交给测绘成果保管单位。

(2)国务院测绘地理信息主管部门和省、自治区、直辖市人民政府测绘地理信息主管部门应当定期编制测绘成果资料目录,向社会公布。

(3)国务院有关部门当年完成的测绘成果的目录和副本应在第二年 3 月底之前向国务院测绘地理信息主管部门汇交;县级以上地方人民政府有关部门当年完成的测绘成果的目录和副本应在第二年 3 月底之前向本省、自治区、直辖市人民政府管理测绘工作的部门汇交。

(4)国务院测绘地理信息主管部门所属全国测绘资料信息中心负责具体接收应向国务院测绘地理信息主管部门汇交的测绘成果目录和副本,并负责每年编制一次测绘成果目录,向有关使用单位提供。

(5)委托测绘的项目,其完成的测绘成果目录和副本由委托方负责汇交。

(6)外国的组织或者个人经批准在中华人民共和国领域和管辖的其他海域单独测绘时,由中方接待单位督促其在测绘任务完成后即直接向国务院自然资源主管部门提交全部测绘成果副本;与中华人民共和国有关部门、单位合资合作测绘时,由中方部门或单位在测绘任务完成后 2 个月内,向国务院自然资源主管部门提交全部测绘成果副本。

5. 测绘成果汇交法律责任

测绘成果汇交的法律责任,主要包括以下三个方面。

1)不按照规定汇交测绘成果资料的法律责任

《测绘法》第六十条对测绘成果汇交主体不按照规定汇交测绘成果资料的法律责任作出了规定,不汇交测绘成果资料的,责令限期汇交;测绘项目出资人逾期不汇交的,处重测所需费用一倍以上二倍以下的罚款;承担国家投资的测绘项目的单位逾期不汇交的,处 5 万元以上 20 万元以下的罚款,并处暂扣测绘资质证书,自暂扣测绘资质证书之日起 6 个月内仍不汇交的,吊销测绘资质证书;对直接负责的主管人员和其他直接责任人员,依法给予处分。

2)测绘地理信息主管部门的法律责任

《测绘成果管理条例》第二十六条对测绘地理信息主管部门的法律责任进行了规定,明确县级以上人民政府测绘地理信息主管部门有下列行为之一的,由本级人民政府或者上级人民政府测绘地理信息主管部门责令改正,通报批评;对直接负责的主管人员和其他直接责任人员，依法给予处分：

(1)接收汇交的测绘成果副本或者目录，未依法出具汇交凭证的。

(2)未及时向测绘成果保管单位移交测绘成果资料的。

(3)未依法编制和公布测绘成果资料目录的。

(4)发现违法行为或者接到对违法行为的举报后，不及时进行处理的。

(5)不依法履行监督管理职责的其他行为。

3)测绘成果保管单位的法律责任

《测绘成果管理条例》第二十八条规定，测绘成果保管单位有下列行为之一的，由测绘地理信息主管部门给予警告，责令改正；有违法所得的，没收违法所得；造成损失的，依法承担赔偿责任；对直接负责的主管人员和其他直接责任人员，依法给予处分：

(1)未按照测绘成果资料的保管制度管理测绘成果资料，造成测绘成果资料损毁、散失的。

(2)擅自转让汇交的测绘成果资料的。

(3)未依法向测绘成果的使用人提供测绘成果资料的。

8.3.2 测绘成果保管

1. 测绘成果保管的概念

由于测绘成果具有专业性、系统性、保密性等特点，同时测绘成果又以纸质资料和数据形态共同存在，使测绘成果保管不同于一般的文档资料。测绘成果保管是指测绘成果保管单位依照国家有关档案法律、行政法规的规定，采取科学的防护措施和手段，对测绘成果进行归档、保存和管理的活动。

2. 测绘成果保管相关规定

1)测绘成果保管要采取安全保障措施

测绘成果是广大测绘工作者在不同时期获取的自然地理要素和地表人工设施的真实反映，不仅数量大，而且测绘成果的获取需要花费大量人力、物力和财力，测绘成果一经丢失、损坏，便必须再到实地重新测绘才能获得。《测绘法》第三十四条中规定，测绘成果保管单位应当采取措施保障测绘成果的完整和安全。所以测绘成果资料的存放设施与条件，应当符合国家保密、消防及档案管理的有关规定和要求。

2)基础测绘成果保管要采取异地备份存放制度

基础测绘成果是国家经济建设、国防建设和社会发展的重要保障和基础，要保障国家基础测绘成果资料的安全，避免由于意外情况造成基础测绘成果资料毁坏、散失。《测绘成果管理条例》第十一条规定，测绘成果保管单位应当建立健全测绘成果资料的保管制度，配备必要的设施，确保测绘成果资料的安全，并对基础测绘成果资料实行异地备份存放制度。

3)测绘成果资料不得损毁、散失和转让。

由于测绘成果的重要性、保密性和具有著作权等特点，《测绘成果管理条例》第十二条规定，测绘成果保管单位应当按照规定保管测绘成果资料，不得损毁、散失、转让。

子项目4 测绘地理信息成果档案化管理

测绘地理信息档案是指测绘地理信息系统各单位在履行管理职能和开展各项业务活动中直接形成的，对国家、社会和本单位具有保存价值的各种文字、图表、音像、电子数据等形式和载体的历史记录。

2017 年 7 月国家测绘地理信息局、国家档案局印发的《测绘地理信息档案管理规定》作出了详细规定，测绘地理信息档案是测绘地理信息事业的重要信息资源，是各单位履行职责、开展业务的信息支持和保障，是国家档案资源建设的组成部分；各级测绘地理信息主管部门及其所属单位应当依法开展档案工作，把档案工作列入本单位发展规划和工作计划，建立、健全档案管理制度，统筹安排档案工作所需经费，依法维护档案的完整与安全，为档案的科学管理和档案信息的开发利用提供保障；应当加强档案法规和档案知识宣传教育，提高档案管理水平和服务意识。

8.4.1　测绘地理信息成果档案化管理的原则

测绘地理信息档案工作是测绘地理信息工作的组成部分。测绘地理信息档案工作实行统一领导、分级管理的原则。

自然资源部地理信息管理司对全国测绘地理信息档案工作实行监督和指导，在业务上接受国家档案主管部门的监督和指导。

地方各级测绘地理信息主管部门对本行政区域内测绘地理信息档案工作实行监督和指导，在业务上接受同级档案主管部门和上级测绘地理信息主管部门的监督和指导。

8.4.2　测绘地理信息档案的接收

(1)各单位按要求编制本单位的文件材料归档范围和档案保管期限表。归档范围、保管期限应当划分科学、准确。

(2)各单位加大档案收集整理力度，加强对档案收集整理工作的监督和指导，确保档案应收尽收、应归尽归。对重点工作、重大活动、重大建设项目、重大科研项目等活动中形成的档案，实行档案工作与专项活动工作进程同步管理。

(3)各单位确定档案的具体接收范围，并接收本单位在工作中直接形成的各种门类、形式和载体的档案。应当归档的文件材料由各单位有关部门按照职责分工负责收集齐全并按相关规定进行整理，定期向本单位档案部门归档。与纸质或其他载体形式的文件相对应的电子文件应当一并归档。任何单位、部门或个人不得将应当归档文件材料据为己有或拒绝归档。

(4)各单位对接收范围内的档案按规定实行集中统一管理。不得由各承办部门和个人分散保存。各单位所属部门应当按照规定时限向本单位档案部门归档，并办理归档手续。档案部门接收的档案应当符合归档质量要求。

8.4.3　测绘地理信息档案的管理

各单位测绘地理信息档案的管理应当依据国家相关规定，结合工作需要建立健全本单位各门类档案管理制度，并进行具体管理。

1. **鉴定**

各单位对保管期限已满的档案，应当及时进行鉴定。鉴定工作结束后，应由档案工作机构提出档案鉴定报告。

一般各单位的档案鉴定工作在办公室负责人主持下，由档案工作机构和有关业务部门组成鉴定小组共同进行。单位的档案鉴定工作在分管档案工作的单位负责人主持下，由办公室、档案工作机构和有关业务部门组成鉴定小组共同进行。

2. 销毁

销毁档案必须按照规定履行相关手续。未经批准，不得销毁任何档案。

3. 接收与移交

各单位档案工作机构对接收的各种门类、形式和载体的档案，应当按照国家有关档案分类的标准规范要求进行分类、整理编目和保管。档案工作机构应当分别建立接收、移出档案登记台账，及时对接收和移出的档案进行登记。

各单位应当按照国家档案移交的有关规定，定期移交档案。单位撤销或合并的，应当将本单位的全部档案认真整理，妥善保管，不得分散，并按国家有关规定保管、移交。临时机构撤销时，其档案向设立该机构的单位移交。

4. 档案管理对各单位的相关要求

(1)档案工作机构应当对档案的接收、整理、保管、利用、移交、销毁等情况进行统计，并按照规定报送本单位档案工作基本情况统计表。

(2)加强档案信息化建设。

(3)为开展档案工作提供必要的条件，做到档案工作人员办公室、档案库房、档案阅览室三室分开。

(4)建立健全档案安全保密管理制度。

(5)建立档案安全管理责任制，档案工作机构应当建立库存档案和设备定期检查制度。

(6)重要测绘地理信息档案应当实行异地备份保管，重要电子档案应当实行异质备份保管。

8.4.4 档案信息资源开发与利用

(1)主动开发、挖掘档案信息资源，不断创新服务形式，强化服务功能，积极提供档案信息服务，满足各方面对测绘地理信息档案的利用需求。

(2)加快推进传统载体档案数字化和利用网络化，运用信息化手段对档案信息资源进行管理开发，以方便检索利用，实现资源共享。

(3)加强电子档案利用基础设施建设，保证电子档案得到方便快捷的利用。对已完成数字化的档案，其原件一般不再提供利用。网络利用档案应当采取有效的安全保护措施，对上网文件、档案进行严格审查，禁止将涉密文件和档案传输到非涉密或密级不符的网络。

子项目5　测绘成果的保密管理

为了保守国家秘密，维护国家的安全和利益，2010 年 4 月 29 日第十一届全国人民代表大会常务委员会第十四次会议修订了《中华人民共和国保守国家秘密法》。该法第三条规定，国家秘密受法律保护；一切国家机关、武装力量、政党、社会团体、企业事业单位和公民都有保守国家秘密的义务；任何危害国家秘密安全的行为，都必须受到法律追究。

8.5.1 测绘成果保密的概念和密级划分

1. 测绘成果保密的概念

测绘成果保密，是指由于测绘成果涉及国家秘密，综合运用法律和行政手段将测绘成果严格限定在一定范围内和使其被一定的人员知悉的活动。

测绘成果保密具有以下特点：

(1)测绘成果涉及的国家秘密事项是客观存在的实物。

(2)测绘成果涉及的国家秘密事项具有广泛性。

(3)涉及国家秘密的测绘成果数量大，涉及面广。

(4)测绘成果涉及的国家秘密事项保密时间长。

(5)测绘成果不同于其他文件、档案等保密资料。

2. 测绘成果密级划分

《中华人民共和国保守国家秘密法》第十条规定，国家秘密的密级分为绝密、机密、秘密三级。2020年6月18日，自然资源部、国家保密局印发《测绘地理信息管理工作国家秘密范围的规定》，对测绘成果的密级进行了严格的划分(表8.2)。测绘地理信息管理工作国家秘密包括以下事项：

(1)绝密级事项。泄露后会对国家安全、利益和领土主权及海洋权益造成特别严重威胁或者损害的；泄露后会对国家重要军事设施、国家安全警卫目标造成特别严重威胁或者损害的；泄露后会对国家整体军事防御能力造成特别严重威胁或者损害的。

(2)机密级事项。泄露后会对国家安全、利益和领土主权及海洋权益造成严重威胁或者损害的；泄露后会对国家重要军事设施、国家安全警卫目标造成严重威胁或者损害的；泄露后会对国家整体军事防御能力造成严重威胁或者损害的；泄露后会对社会稳定和民族团结造成严重损害的。

(3)秘密级事项。泄露后会对国家安全、利益和领土主权及海洋权益造成威胁或者损害的；泄露后会对国家重要军事设施、国家安全警卫目标造成威胁或者损害的；泄露后会对国家局部军事防御能力造成损害的；泄露后会对国家测绘地理信息核心技术水平、知识产权保护造成损害的；泄露后会对社会稳定和民族团结造成损害的。

表8.2　测绘地理信息管理工作国家秘密目录节选

序号	国家秘密事项名称	密级	保密期限	知悉范围
1	2000国家大地坐标系、1954北京坐标系、1980西安坐标系之间的相互转换参数；国家大地坐标系与相对独立的平面坐标系统之间相互转换精度优于±10厘米的转换参数	机密	长期	省级以上自然资源主管部门批准的测绘成果保管单位及用户；战区、军兵种以上军队测绘部门批准的军事测绘成果保管单位及用户
2	国家认定的地理信息保密处理技术算法及参数	机密	长期	自然资源部批准的测绘成果保管单位
3	分辨率高于$5'\times5'$、精度优于±5毫伽的重力异常成果；精度优于$\pm3''$的垂线偏差成果	机密	长期	省级以上自然资源主管部门批准的测绘成果保管单位及用户；战区、军兵种以上军队测绘部门批准的军事测绘成果保管单位及用户
4	1∶2.5万、1∶5万国家基本比例尺地形图(模拟产品)及其全要素数字化成果	机密	长期	省级以上自然资源主管部门批准的测绘成果保管单位及用户；战区、军兵种以上军队测绘部门批准的军事测绘成果保管单位及用户

续表

序号	国家秘密事项名称	密级	保密期限	知悉范围
5	军事禁区大于或等于 1∶1 万的国家基本比例尺地形图(模拟产品)及其全要素数字化成果	机密	长期	省级以上自然资源主管部门批准的测绘成果保管单位及用户;战区、军兵种以上军队测绘部门批准的军事测绘成果保管单位及用户
6	军事禁区平面精度优于(含)10 米的正射影像;军事禁区和军事管理区(不含作战指挥工程和重要军事设施区域)以及国家安全要害部门所在地标注有敏感地理实体属性信息的遥感影像	机密	长期	省级以上自然资源主管部门批准的测绘成果保管单位及用户;战区、军兵种以上军队测绘部门批准的军事测绘成果保管单位及用户;战区、军兵种以上军事设施建设部门批准的军用土地测绘成果保管单位及用户
7	军事禁区平面精度优于(含)10 米或高程精度优于(含)15 米的数字高程模型和数字表面模型成果	机密	长期	省级以上自然资源主管部门批准的测绘成果保管单位及用户;战区、军兵种以上军队测绘部门批准的军事测绘成果保管单位及用户;战区、军兵种以上军事设施建设部门批准的军用土地测绘成果保管单位及用户
8	军事禁区平面精度优于(含)10 米或地物高度相对量测精度优于(含)5%的三维模型、点云、倾斜影像、实景影像、导航电子地图等实测成果	机密	长期	省级以上自然资源主管部门批准的测绘成果保管单位及用户;战区、军兵种以上军队测绘部门批准的军事测绘成果保管单位及用户;战区、军兵种以上军事设施建设部门批准的军用土地测绘成果保管单位及用户
9	体现和表明我国政府立场与主张的敏感、争议地区测绘地理信息成果,以及泄露后会对国家利益、社会稳定和民族团结造成重大影响的重要地理信息数据	机密	公布前	有关领导、相关部门及承办人员
10	与上述机密级条款涉及的要素、空间精度和范围相当的其他测绘地理信息成果	机密	长期	省级以上自然资源主管部门批准的测绘成果保管单位及用户;战区、军兵种以上军队测绘部门批准的军事测绘成果保管单位及用户;战区、军兵种以上军事设施建设部门批准的军用土地测绘成果保管单位及用户
11	构成环线且覆盖范围大于 2 500 平方千米或线路长度超过 1 000 千米的国家等级水准网成果	秘密	长期	县级以上自然资源主管部门批准的测绘成果保管单位及用户;战区、军兵种以上军队测绘部门批准的军事测绘成果保管单位及用户
12	军事禁区(不含作战指挥工程和重要军事设施区域)内卫星导航定位基准站观测数据;军事禁区以外卫星导航定位基准站坐标、基准站网观测数据	秘密	长期	县级以上自然资源主管部门批准的测绘成果保管单位及用户;战区、军兵种以上军队测绘部门批准的军事测绘成果保管单位及用户
13	军事禁区和军事管理区以外带有名称、属性、位置等信息的国家等级控制点的坐标成果,国家等级重力控制点成果、重力加密点成果及其观测数据,国家等级全球导航卫星系统(GNSS)大地控制点、天文、三角、导线的观测成果	秘密	长期	县级以上自然资源主管部门批准的测绘成果保管单位及用户;战区、军兵种以上军队测绘部门批准的军事测绘成果保管单位及用户

续表

序号	国家秘密事项名称	密级	保密期限	知悉范围
14	分辨率为 5′×5′至 30′×30′、精度为±5 毫伽至±7 毫伽的重力异常成果；精度优于±0.2 米的高程异常成果；精度为±3″至±6″的垂线偏差成果	秘密	长期	县级以上自然资源主管部门批准的测绘成果保管单位及用户；战区、军兵种以上军队测绘部门批准的军事测绘成果保管单位及用户
15	军事禁区以外 1∶1 万、1∶5 000 国家基本比例尺地形图(模拟产品)及其全要素数字化成果；军事禁区以外连续覆盖范围超过 25 平方千米的大于 1∶5 000 的国家基本比例尺地形图(模拟产品)及其全要素数字化成果	秘密	长期	县级以上自然资源主管部门批准的测绘成果保管单位及用户；战区、军兵种以上军队测绘部门批准的军事测绘成果保管单位及用户
16	含有国家法律法规、部门规章及其他规定禁止公开内容的水系、交通、居民地及设施、管线等分要素测绘地理信息专题成果	秘密	长期	县级以上自然资源主管部门批准的测绘成果保管单位及用户；战区、军兵种以上军队测绘部门批准的军事测绘成果保管单位及用户
17	优于(含)20 米等高距的等高线，以及与其精度相当的高程注记点	秘密	长期	县级以上自然资源主管部门批准的测绘成果保管单位及用户；战区、军兵种以上军队测绘部门批准的军事测绘成果保管单位及用户
18	军事禁区以及国家安全要害部门所在地地面分辨率优于 0.5 米的航摄影像	秘密	长期	县级以上自然资源主管部门批准的测绘成果保管单位及用户；战区、军兵种以上军队测绘部门批准的军事测绘成果保管单位及用户；战区、军兵种以上军事设施建设部门批准的军用土地测绘成果保管单位及用户
19	军事禁区以外平面精度优于 10 米或者地面分辨率优于 0.5 米且连续覆盖范围超过 25 平方千米的正射影像	秘密	长期	县级以上自然资源主管部门批准的测绘成果保管单位及用户；战区、军兵种以上军队测绘部门批准的军事测绘成果保管单位及用户；战区、军兵种以上军事设施建设部门批准的军用土地测绘成果保管单位及用户
20	军事禁区以外平面精度优于(含)10 米或高程精度优于(含)15 米且连续覆盖范围超过 25 平方千米的数字高程模型和数字表面模型成果	秘密	长期	县级以上自然资源主管部门批准的测绘成果保管单位及用户；战区、军兵种以上军队测绘部门批准的军事测绘成果保管单位及用户；战区、军兵种以上军事设施建设部门批准的军用土地测绘成果保管单位及用户
21	军事禁区以外平面精度优于(含)10 米或地物高度相对量测精度优于(含)5%且连续覆盖范围超过 25 平方千米的三维模型、点云、倾斜影像、实景影像、导航电子地图等实测成果	秘密	长期	县级以上自然资源主管部门批准的测绘成果保管单位及用户；战区、军兵种以上军队测绘部门批准的军事测绘成果保管单位及用户；战区、军兵种以上军事设施建设部门批准的军用土地测绘成果保管单位及用户

续表

序号	国家秘密事项名称	密级	保密期限	知悉范围
22	涉及军事、国家安全要害部门的点位名称及坐标；与军事、国家安全相关的国民经济重要设施精度优于（含）±10 米的点位坐标及其名称属性	秘密	长期	县级以上自然资源主管部门批准的测绘成果保管单位及用户；战区、军兵种以上军队测绘部门批准的军事测绘成果保管单位及用户；战区、军兵种以上军事设施建设部门批准的军用土地测绘成果保管单位及用户
23	与上述秘密级条款涉及的要素、空间精度和范围相当的其他测绘地理信息成果	秘密	长期	县级以上自然资源主管部门批准的测绘成果保管单位及用户；战区、军兵种以上军队测绘部门批准的军事测绘成果保管单位及用户；战区、军兵种以上军事设施建设部门批准的军用土地测绘成果保管单位及用户

注：1 毫伽（mGal）$=1\times10^{-5}$ m/s^2。

随着测绘科技进步和测绘事业发展，测绘成果的种类和表现形式越来越多，测绘成果的保密问题也越来越突出，国家相关法律法规也在逐步更新。2016 年 1 月原国家测绘地理信息局联合军队有关部门印发《关于规范卫星导航定位基准站数据密级划分和管理的通知》，并对卫星导航定位基准站数据密级进行了划分（表 8.3）。

表 8.3 卫星导航定位基准站数据密级划分表

数据内容		基准站类型	密级划分	管理措施
观测数据	伪距、载波相位观测数据、多普勒观测数据	作战指挥工程和重要军事设施区域内的基准站	机密	按照国家保密要求进行传输和管理
		其他军事禁区内的基准站	秘密	
		普通基准站		受控管理；采用专网或商用密码手段加密保护后向数据中心进行传输
数据中心数据	基准站坐标、基准站网观测数据	军事禁区内的基准站	机密	按照国家保密要求进行传输和管理
		普通基准站	秘密	
	起算点坐标、区域坐标转换模型、区域似大地水准面高程异常值	所有基准站	按照《测绘管理工作国家秘密范围的规定》执行	按照国家保密要求进行传输和管理
	基准站站点信息	军事禁区内的基准站	机密	按照国家保密要求进行传输和管理
		普通基准站		受控管理；采取用户审核注册的方式提供服务
服务数据	实时差分服务数据	所有基准站		受控管理；采取用户审核注册的方式提供服务；其中提供优于 1 米精度服务的，基准站数据中心管理部门审核注册后应向省级以上测绘地理信息主管部门报备用户及使用目的等信息
	观测数据	普通基准站		
	精密后处理服务数据	所有基准站		可公开

注：普通基准站是指建在军事禁区外的基准站。

8.5.2　测绘成果保密管理规定

1.《测绘法》中的相关规定

测绘成果属于国家秘密的，适用保密法律、行政法规的规定；需要对外提供的，按照国务院和中央军事委员会规定的审批程序执行。测绘成果的秘密范围和秘密等级，应当依照保密法律、行政法规的规定，按照保障国家秘密安全、促进地理信息共享和应用的原则确定并及时调整、公布。

2.《测绘成果管理条例》中的相关规定

（1）测绘成果保管单位应当建立健全测绘成果资料的保管制度，配备必要的设施，确保测绘成果资料的安全，并对基础测绘成果资料实行异地备份存放制度。

（2）利用涉及国家秘密的测绘成果开发生产的产品，未经国务院测绘地理信息主管部门或者省、自治区、直辖市人民政府测绘地理信息主管部门进行保密技术处理的，其秘密等级不得低于所用测绘成果的秘密等级。

（3）法人或者其他组织需要利用属于国家秘密的基础测绘成果的，应当提出明确的利用目的和范围，报测绘成果所在地的测绘地理信息主管部门审批。测绘地理信息主管部门审查同意的，应当以书面形式告知测绘成果的秘密等级、保密要求以及相关著作权保护要求。

（4）对外提供属于国家秘密的测绘成果，应当按照国务院和中央军事委员会规定的审批程序，报国务院测绘地理信息主管部门或者省、自治区、直辖市人民政府测绘地理信息主管部门审批；测绘地理信息主管部门在审批前，应当征求军队有关部门的意见。

3.《中华人民共和国保守国家秘密法》中的相关规定

（1）国家秘密载体的制作、收发、传递、使用、复制、保存、维修和销毁，应当符合国家保密规定。绝密级国家秘密载体应当在符合国家保密标准的设施、设备中保存，并指定专人管理；未经原定密机关、单位或者其上级机关批准，不得复制和摘抄；收发、传递和外出携带，应当指定人员负责，并采取必要的安全措施。

（2）存储、处理国家秘密的计算机信息系统（简称“涉密信息系统”）按照涉密程度实行分级保护。涉密信息系统应当按照国家保密标准配备保密设施、设备。保密设施、设备应当与涉密信息系统同步规划，同步建设，同步运行。

（3）机关、单位对外交往与合作中需要提供国家秘密事项，或者任用、聘用的境外人员因工作需要知悉国家秘密的，应当报国务院有关主管部门或者省、自治区、直辖市人民政府有关主管部门批准，并与对方签订保密协议。

4.《关于加强涉密测绘地理信息安全管理的通知》（国测成发〔2012〕11号）中的相关规定

（1）充分认识加强涉密测绘地理信息安全管理的重要性和紧迫性。各级测绘地理信息主管部门和各级各类测绘地理信息生产、保管、使用单位，必须高度重视、加强领导，充分认识新形势下地理信息安全的极端重要性，增强责任意识和紧迫感，切实加强涉密测绘地理信息安全管理。

（2）狠抓涉密测绘地理信息安全管理基础工作。认真落实安全保密工作责任制，着力健全安全保密管理制度，大力开展安全保密宣传教育，切实加强安全保密检查。

（3）明确涉密测绘地理信息安全重点环节管理要求，包括涉密计算机和涉密信息系统管理要求、介质使用和保管要求、涉密计算机外接设备管理要求、涉密信息系统配置管理要求、涉密载体销毁管理要求。

(4)强化涉密测绘地理信息监管措施。严格涉密测绘成果提供使用审批管理,加强涉密测绘成果跟踪监管,落实核心涉密人员保密管理制度,建立健全监管机制,加强监管能力建设,营造监管良好环境。

8.5.3 测绘地理信息主管部门监督管理职责

1. 确定测绘成果的秘密范围和秘密等级

《测绘成果管理条例》第十六条规定,国家保密工作部门、国务院测绘地理信息主管部门应当会商军队测绘部门,依照有关保密法律、行政法规的规定,确定测绘成果的秘密范围和秘密等级。

2. 进行保密技术处理

《测绘成果管理条例》第十六条规定,利用涉及国家秘密的测绘成果开发生产的产品,未经国务院测绘地理信息主管部门或者省、自治区、直辖市人民政府测绘地理信息主管部门进行保密技术处理的,其秘密等级不得低于所用测绘成果的秘密等级。

3. 审批属于国家秘密的基础测绘成果

《测绘成果管理条例》第十七条规定,法人或者其他组织需要利用属于国家秘密的基础测绘成果的,应当提出明确的利用目的和范围,报测绘成果所在地的测绘地理信息主管部门审批。

4. 告知申请人测绘成果的秘密等级、保密要求以及相关著作权保护要求

《测绘成果管理条例》第十七条规定,测绘地理信息主管部门审查同意的,应当以书面形式告知测绘成果的秘密等级、保密要求以及相关著作权保护要求。

5. 对外提供属于国家秘密的测绘成果审批

《测绘成果管理条例》第十八条规定,对外提供属于国家秘密的测绘成果,应当按照国务院和中央军事委员会规定的审批程序,报国务院测绘地理信息主管部门或者省、自治区、直辖市人民政府测绘地理信息主管部门审批;测绘地理信息主管部门在审批前,应当征求军队有关部门的意见。

6. 配合保密部门进行保密检查

《中华人民共和国保守国家秘密法》第四十四条规定,保密行政管理部门对机关、单位遵守保密制度的情况进行检查,有关机关、单位应当配合。

7. 对提供、使用保密成果的单位进行监督检查

《中华人民共和国行政许可法》第六十一条规定,行政机关应当建立健全监督制度,通过核查反映被许可人从事行政许可事项活动情况的有关材料,履行监督责任。行政机关依法对被许可人从事行政许可事项的活动进行监督检查时,应当将监督检查的情况和处理结果予以记录,由监督检查人员签字后归档。公众有权查阅行政机关监督检查记录。

8.5.4 对测绘成果涉密人员的规定

1.《中华人民共和国保守国家秘密法》中的相关规定

(1)在涉密岗位工作的人员(简称"涉密人员"),按照涉密程度分为核心涉密人员、重要涉密人员和一般涉密人员,实行分类管理。任用、聘用涉密人员应当按照有关规定进行审查。

(2)涉密人员应当具有良好的政治素质和品行,具有胜任涉密岗位所要求的工作能力。涉密人员的合法权益受法律保护。

(3)涉密人员上岗应当经过保密教育培训,掌握保密知识技能,签订保密承诺书,严格遵守保密规章制度,不得以任何方式泄露国家秘密。

(4)涉密人员出境应当经有关部门批准,有关机关认为涉密人员出境将对国家安全造成危害或者对国家利益造成重大损失的,不得批准出境。

(5)涉密人员离岗离职实行脱密期管理。涉密人员在脱密期内,应当按照规定履行保密义务,不得违反规定就业,不得以任何方式泄露国家秘密。

2.《关于进一步贯彻落实测绘成果核心涉密人员保密管理制度的通知》(国测成发〔2011〕11号)中的相关规定

(1)进一步完善测绘成果核心涉密人员岗位管理制度。明确测绘成果核心涉密人员工作职责,强化测绘成果核心涉密人员履职能力,坚持测绘成果核心涉密人员持证上岗制度。

(2)进一步完善测绘成果核心涉密人员岗位培训机制。加强岗位培训工作的组织领导,明确岗位培训工作的职责分工,规范岗位培训证书的使用与管理。

(3)进一步加大测绘成果核心涉密人员保密管理力度。严格审查测绘成果核心涉密人员任职资格,健全测绘成果核心涉密人员各项管理制度,切实落实测绘成果核心涉密人员监管要求。

子项目6　测绘成果的提供利用

8.6.1　测绘成果提供利用的概念

测绘成果提供利用指测绘成果生产单位或者测绘成果保管单位根据合同约定或者测绘成果使用者的申请,依照国家有关规定提供利用测绘成果的活动。大多数测绘成果都涉及国家秘密,测绘成果提供利用必须严格遵守国家测绘、保密等有关法律、行政法规的规定。

8.6.2　测绘成果提供利用的相关规定

1.《测绘成果管理条例》中的相关规定

(1)县级以上人民政府测绘地理信息主管部门应当积极推进公众版测绘成果的加工和编制工作,并鼓励公众版测绘成果的开发利用,促进测绘成果的社会化应用。

(2)使用财政资金的测绘项目和使用财政资金的建设工程测绘项目,有关部门在批准立项前应当书面征求本级人民政府测绘地理信息主管部门的意见。测绘地理信息主管部门应当自收到征求意见材料之日起10日内,向征求意见的部门反馈意见。有适宜测绘成果的,应当充分利用已有的测绘成果,避免重复测绘。

(3)利用涉及国家秘密的测绘成果开发生产的产品,未经国务院测绘地理信息主管部门或者省、自治区、直辖市人民政府测绘地理信息主管部门进行保密技术处理的,其秘密等级不得低于所用测绘成果的秘密等级。

(4)基础测绘成果和财政投资完成的其他测绘成果,用于国家机关决策和社会公益性事业的,应当无偿提供。

(5)建立以地理信息数据为基础的信息系统,应当利用符合国家标准的基础地理信息数据。

2.《国家测绘地理信息局非涉密测绘地理信息成果提供使用管理办法》(国测发〔2017〕12 号)中的相关规定

非涉密测绘地理信息成果(简称"非密成果"),是指由测绘地理信息生产单位组织生产、履行定密程序后确定为不涉及国家秘密的测绘地理信息成果。非密成果主要包括基础测绘、地理国情监测、应急测绘、航空航天遥感测绘、全球地理信息资源建设等业务形成的不涉及国家秘密的数据、信息、图件、报告。非密成果提供和使用应当遵循目录管理、分类保管、按需提供、鼓励使用的原则。各级测绘成果管理部门负责非密成果提供和使用的统一管理工作。

1)提供

非密成果保管单位负责非密成果提供工作。非密成果保管单位应当依据本办法和相关规定,按照便民、高效的原则,制定本单位非密成果提供办法,报批后实施。

鼓励非密成果保管单位优先采用在线服务、前置服务等方式提供非密成果,一般不采用拷贝数据本体的方式提供。确需采用拷贝数据本体的方式提供非密成果,保管单位应当"一支笔"批准、"一个窗口"提供。

非密成果保管单位应当及时高效提供非密成果,并与用户签署非密成果提供使用协议,明确双方权利与义务以及相关知识产权保护要求。

应急测绘保障过程中形成的非密成果、辅助决策用图等成果的应急提供,参照《基础测绘成果应急提供办法》(国测法字〔2007〕13 号)执行,其成果可以先提供后纳入目录管理。

对外提供非密成果原则上采取国别化政策,向国外用户只提供其本国或者本地区范围内的非密成果。

提供覆盖范围广、数据量大、影响深的非密成果,以及对外提供涉及敏感地区、敏感时段的非密成果,应当报自然资源部批准。

自然资源部与有关部门开展合作时,涉及非密成果提供、共享等事宜的,相关牵头司室应当事先征求国家测绘成果管理部门的意见。

2)使用

有关单位应当通过保密技术处理,积极推进公众版测绘地理信息成果的加工和编制工作,增加非密成果的有效供给,促进测绘地理信息成果的社会化应用。

非密成果保管单位应当按照国家有关法律法规和政策,依托国家地理信息公共服务平台"天地图"、全国地理信息资源目录服务系统,积极主动开放共享所保管的非密成果。

鼓励非密成果保管单位通过合作开发、资源置换、代理销售、技术服务等方式,丰富非密成果产品,加速非密成果的商业化应用和产业化进程,深入服务于政府管理、企业运营和百姓生活。

使用的非密成果涉及地图的,还应当执行国家有关地图管理的法规政策。

非密成果保管单位应当于每年 11 月底向自然资源部报告非密成果提供、使用情况及改进意见和建议。

3.《遥感影像公开使用管理规定(试行)》(国测成发〔2011〕9 号)中的相关规定

遥感影像包括卫星遥感影像和航空遥感影像,以及采用测绘遥感技术方法加工处理形成的遥感影像图。

1)遥感影像公开使用管理

(1)国务院测绘地理信息主管部门负责监督管理全国遥感影像公开使用工作,县级以上测绘地理信息主管部门负责监督管理辖区内遥感影像公开使用工作。

(2)从事提供或销售分辨率高于 10 m 的卫星遥感影像活动的机构,应当建立客户登记制度,包括客户名称与性质、提供的影像覆盖范围和分辨率、用途、联系方式等内容。每半年一次向所在地省级以上测绘地理信息主管部门报送备案。

(3)为应对重大突发事件应急抢险救灾急需,各级人民政府及其有关部门和军队,可以无偿使用遥感影像,各遥感影像保管单位、销售与提供机构应当无偿提供相关数据和资料。

2)遥感影像公开使用规定

(1)公开使用的遥感影像空间位置精度不得高于 50 m,影像地面分辨率不得优于 0.5 m,不标注涉密信息、不处理建筑物、构筑物等固定设施。

(2)属于国家秘密且确需公开使用的遥感影像,公开使用前应当依法送省级以上测绘地理信息主管部门会同有关部门组织审查并进行保密技术处理。分辨率优于 0.5 m 的遥感影像,公开使用前应当报送国务院测绘地理信息主管部门组织审查并进行保密技术处理。

(3)向社会公开出版、传播、登载和展示遥感影像的,还应当报送省级以上测绘地理信息主管部门进行地图审核,并取得审图号。

子项目 7　重要地理信息数据的利用管理

8.7.1　重要地理信息数据的概念与特点

为贯彻落实《中华人民共和国测绘法》《中华人民共和国测绘成果管理条例》等法律法规,进一步规范重要地理信息数据审核公布管理工作,2020 年 3 月,自然资源部发布《关于规范重要地理信息数据审核公布管理工作的通知》(自然资规〔2020〕2 号)。

1. 重要地理信息数据的概念

重要地理信息数据,是指在中华人民共和国领域和管辖的其他海域内的重要自然和人文地理实体的位置、高程、深度、面积、长度等地理信息数据和重要属性信息数据。主要包括:

(1)国界、国家海岸线长度。

(2)领土、领海、毗连区、专属经济区面积。

(3)国家海岸滩涂面积、岛礁数量和面积。

(4)国家版图的重要特征点,地势、地貌分区位置。

(5)国务院测绘地理信息主管部门商国务院其他有关部门确定的其他重要自然和人文地理实体的位置、高程、深度、面积、长度等地理信息数据。

2. 重要地理信息数据的特点

(1)权威性。重要地理信息数据的获取是依据科学的观测方法和手段,由自然资源部与国务院其他有关部门、军队测绘部门会商后,报国务院批准,由国务院或者国务院授权的部门以公告形式公布,并在全国范围内发行的报纸或者互联网上刊登,体现出重要地理信息数据的权威性。

(2)准确性。重要地理信息数据涉及重要自然和人文地理实体的位置、高程、深度、面积、长度等地理信息数据和重要属性信息数据，是依据科学的技术方法和手段获取的。建议人提出建议后，自然资源部对数据的科学性、完整性、可靠性等进行严格审核，因而具有严格的准确性。

(3)法定性。重要地理信息数据审核公布制度由国家法律规定，重要地理信息数据的审核、批准、公布的主体和程序都必须严格按照《测绘法》《行政许可法》以及有关规定执行，任何单位和个人不得擅自审核公布。因此，重要地理信息数据具有法定性。

8.7.2 重要地理信息数据审核与公布

提出公布重要地理信息数据建议的单位或者个人(以下称为“建议人”)，应当向自然资源部或者省级自然资源主管部门报送建议材料。省级自然资源主管部门收到建议材料的，应当提出意见并转报自然资源部。

建议人报送的建议材料应当包括以下内容：

(1)建议人基本情况。

(2)重要地理信息数据的详细数据成果资料及公布的必要性说明。

(3)重要地理信息数据获取的技术方案、质检报告及数据验收评估等有关资料。

(4)审核需要的其他资料。

建议人为各级地方人民政府、国务院各部门的，可以不提供建议人基本情况。

自然资源部对建议人提交的重要地理信息数据进行审核。审核主要包括以下内容：

(1)重要地理信息数据公布的必要性。

(2)提交的有关资料的真实性与完整性。

(3)重要地理信息数据的可靠性与科学性。

(4)公布重要地理信息数据是否符合国家利益，是否影响国家安全。

(5)与相关历史数据、已公布数据的对比。

自然资源部与国务院有关部门、军队测绘部门对重要地理信息数据的审核意见、公布部门等进行会商。通过审核的，向国务院上报公布建议；未通过审核的，将审核结果告知建议人。

国务院授权的部门公布重要地理信息数据的，应当在公告中注明审核部门。

子项目8 地图管理

为了加强地图管理，维护国家主权、安全和利益，促进地理信息产业健康发展，为经济建设、社会发展和人民生活服务，《测绘法》《地图管理条例》《地图审核管理规定》等法律法规，对向社会公开的地图的编制、审核、出版和互联网地图服务以及监督检查活动进行了详细的规定。

8.8.1 地图的概念与特点

1. 地图的概念

地图指根据特定的数学法则，将地球上的自然和社会现象，通过制图综合，并以符号和注记缩绘在平面或者曲面上的图像。地图是地理空间信息的图形表现形式，是为人们提供自然地理要素或者地表人工设施的形状、大小、空间位置及其属性的图形。

地图按比例尺大小，可分为大比例尺、中比例尺和小比例尺地图；按内容可分为普通地图和专题地图；按用途分为参考图、教学地图、地形图、航空图、海图、天文图以及交通图、旅游图等；按地图表现形式分为缩微地图、数字地图、电子地图、影像地图等。由于地图是对自然地理现象和社会经济现象的表达直观，通俗易懂，因此成为宏观决策、经济建设、国防军事和人民群众日常生活的必要依据和实用工具。

2. 地图的特点

(1)科学性。地图的生产制作是一个复杂的过程，从建立测量控制网开始，到野外实地采集地理信息数据，然后通过一定的数学法则和制图规范，经过公式化、符号化和抽象化、直观化的技术处理，最终编辑形成地图，因此具有科学性。

(2)政治性。绘有完整国界线的地图是国家版图的主要表现形式，体现一个国家在主权方面的意志和在国际社会中的政治外交立场，具有严肃的政治性。

(3)法定性。地图上国界线、行政区域界线的画法及标准由国家法律明确规定，由国务院测绘地理信息主管部门会同有关部门拟订后报国务院批准公布；地图编制、出版、展示、登载等都有严格的法律规定；地图审核由具有法定权限的测绘地理信息主管部门依法进行；地图的著作权受国家法律保护。所以地图具有严格的法定性。

3. 国家基本比例尺地图

我国目前确定的国家基本比例尺地图主要包括 1∶500、1∶1 000、1∶2 000、1∶5 000、1∶1 万、1∶2.5 万、1∶5 万、1∶10 万、1∶25 万、1∶50 万、1∶100 万等 11 种。

国家确定国家基本比例尺地图的系列和基本精度。国务院测绘地理信息主管部门会同国务院其他有关部门、军队测绘部门制定具体规范和要求。测制国家基本比例尺地图，应当执行国家制定的制图规范和要求。

8.8.2　地图编制

1. 地图编制资质要求

从事地图编制活动的单位应当依法取得相应的测绘资质证书，并在资质等级许可的范围内开展地图编制工作。例如互联网地图服务单位向公众提供地理位置定位、地理信息上传标注和地图数据库开发等服务的，应当依法取得相应的测绘资质证书。

2. 编制地图内容规定

(1)应当执行国家有关地图编制标准，遵守国家有关地图内容表示的规定。

(2)应当选用最新的地图资料并及时补充或者更新，正确反映各要素的地理位置、形态、名称及相互关系，且内容符合地图使用目的。

(3)编制涉及中华人民共和国国界的世界地图、全国地图，应当完整表示中华人民共和国疆域。

(4)在地图上绘制中华人民共和国国界，应当按照中国国界线画法标准样图绘制；中国历史疆界，应当依据有关历史资料，按照实际历史疆界绘制；世界各国间边界，应当按照世界各国国界线画法参考样图绘制；世界各国间历史疆界，应当依据有关历史资料，按照实际历史疆界绘制。中国国界线画法标准样图、世界各国国界线画法参考样图，由外交部和国务院测绘地理信息主管部门拟订，报国务院批准后公布。

(5)在地图上绘制我国县级以上行政区域界线或者范围，应当符合行政区域界线标准画法图、国务院批准公布的特别行政区行政区域图和国家其他有关规定。行政区域界线标准画法图由国务院民政部门和国务院测绘地理信息主管部门拟订，报国务院批准后公布。

(6)在地图上表示重要地理信息数据，应当使用依法公布的重要地理信息数据。

(7)利用涉及国家秘密的测绘成果编制地图的，应当依法使用经国务院测绘地理信息主管部门或者省、自治区、直辖市人民政府测绘地理信息主管部门进行保密技术处理的测绘成果。

(8)县级以上人民政府测绘地理信息主管部门应当向社会公布公益性地图，供无偿使用。

8.8.3 地图审核

为了加强地图审核管理，维护国家主权、安全和利益，2006 年 6 月 23 日国土资源部公布的《地图审核管理规定》，已经过 2017 年、2019 年两次修改。

1. 申请人提出地图审核申请的情形

(1)出版、展示、登载、生产、进口、出口地图或者附着地图图形的产品的。

(2)已审核批准的地图或者附着地图图形的产品，再次出版、展示、登载、生产、进口、出口且地图内容发生变化的。

(3)拟在境外出版、展示、登载的地图或者附着地图图形的产品的。

2. 不需要审核的地图

(1)直接使用自然资源主管部门提供的具有审图号的公益性地图。

(2)景区地图、街区地图、公共交通线路图等内容简单的地图。

(3)法律法规明确应予公开且不涉及国界、边界、历史疆界、行政区域界线或者范围的地图。

3. 国务院自然资源主管部门负责审核的地图

(1)全国地图。

(2)主要表现地为两个以上省、自治区、直辖市行政区域的地图。

(3)香港特别行政区地图、澳门特别行政区地图以及台湾地区地图。

(4)世界地图以及主要表现地为国外的地图。

(5)历史地图。

4. 省、自治区、直辖市人民政府自然资源主管部门负责审核的地图

省、自治区、直辖市人民政府自然资源主管部门负责审核的地图为主要表现地在本行政区域范围内的地图。其中，主要表现地在设区的市行政区域范围内不涉及国界线的地图，由设区的市级人民政府自然资源主管部门负责审核。

5. 申请地图审核，应当提交的材料

(1)地图审核申请表。

(2)需要审核的地图最终样图或者样品，用于互联网服务等方面的地图产品，还应当提供地图内容审核软硬件条件。

(3)地图编制单位的测绘资质证书。

有下列情形之一的，可以不提供第三项规定的测绘资质证书：进口不属于出版物的地图和附着地图图形的产品；直接引用古地图；使用示意性世界地图、中国地图和地方地图；利用自然资源主管部门具有审图号的公益性地图且未对国界、行政区域界线或者范围、重要地理信息数据等进行编辑调整。

6. 自然资源主管部门受理地图审核申请后的审查内容

(1)地图表示内容中是否含有不得表示的内容，包括：①危害国家统一、主权和领土完整的；②危害国家安全、损害国家荣誉和利益的；③属于国家秘密的；④影响民族团结、侵害民族风俗习惯的；⑤法律、法规规定不得表示的其他内容。

(2)中华人民共和国国界、行政区域界线或者范围以及世界各国间边界、历史疆界在地图上的表示是否符合国家有关规定。

(3)重要地理信息数据、地名等在地图上的表示是否符合国家有关规定。

(4)主要表现地包含中华人民共和国疆域的地图，中华人民共和国疆域是否完整表示。

(5)地图内容表示是否符合地图使用目的和国家地图编制有关标准。

(6)法律、法规规定需要审查的其他内容。

7. 地图审核决定

自然资源主管部门应当依据地图内容审查工作机构提出的审查意见及相关申请材料，作出批准或者不予批准的书面决定并及时送达申请人。予以批准的，核发地图审核批准文件和审图号。不予批准的，核发地图审核不予批准文件并书面说明理由，告知申请人享有依法申请行政复议或者提起行政诉讼的权利。

自然资源主管部门应当自受理地图审核申请之日起 20 个工作日内作出审核决定。时事宣传地图、发行频率高于一个月的图书和报刊等插附地图的，应当自受理地图审核申请之日起 7 个工作日内作出审核决定。应急保障等特殊情况需要使用地图的，应当即送即审。涉及专业内容且没有明确审核依据的地图，向有关部门征求意见时，征求意见时间不计算在地图审核的期限内。

8. 地图审核的其他重要规定

(1)全国性中小学教学地图，由国务院教育行政部门会同国务院自然资源主管部门、外交部组织审定；地方性中小学教学地图，由省、自治区、直辖市人民政府教育行政部门会同省、自治区、直辖市人民政府自然资源主管部门组织审定。

(2)自然资源主管部门应当在其门户网站等媒体上及时公布获得审核批准的地图名称、审图号等信息。

(3)审图号由审图机构代号、通过审核的年份、地图类型简称、序号等组成。审图号编制的具体内容，由国务院自然资源主管部门另行规定。

(4)经审核批准的地图，申请人应当在地图或者附着地图图形的产品的适当位置显著标注审图号。属于出版物的，应当在版权页标注审图号；没有版权页的，应当在适当位置标注审图号。属于互联网地图服务的，应当在地图页面左下角标注审图号。

(5)互联网地图服务审图号有效期为两年。审图号到期，应当重新送审。审核通过的互联网地图服务，申请人应当每六个月将新增标注内容及核查校对情况向作出审核批准的自然资源主管部门备案。

9. 地图审核的罚则

(1)最终向社会公开的地图与审核通过的地图内容及表现形式不一致，或者互联网地图服务审图号有效期届满未重新送审的，自然资源主管部门应当责令改正、给予警告，可以处 3 万元以下的罚款。

(2)自然资源主管部门及其工作人员在地图审核工作中滥用职权、玩忽职守、徇私舞弊的，依法给予处分；涉嫌构成犯罪的，移送有关机关依法追究刑事责任。

(3)应当送审而未送审的，责令改正，给予警告，没收违法地图或者附着地图图形的产品，可以处10万元以下的罚款;有违法所得的,没收违法所得;构成犯罪的,依法追究刑事责任。

(4)不需要送审的地图不符合国家有关标准和规定的,责令改正,给予警告,没收违法地图或者附着地图图形的产品,可以处10万元以下的罚款;有违法所得的,没收违法所得;情节严重的,可以向社会通报;构成犯罪的,依法追究刑事责任。

(5)经审核不符合国家有关标准和规定的地图未按照审核要求修改即向社会公开的,责令改正,给予警告,没收违法地图或者附着地图图形的产品,可以处10万元以下的罚款;有违法所得的,没收违法所得;情节严重的,责令停业整顿,降低资质等级或者吊销测绘资质证书,可以向社会通报;构成犯罪的,依法追究刑事责任。

(6)弄虚作假、伪造申请材料骗取地图审核批准文件,或者伪造、冒用地图审核批准文件和审图号的,责令停止违法行为,给予警告,没收违法地图和附着地图图形的产品,并处10万元以上20万元以下的罚款;有违法所得的,没收违法所得;情节严重的,责令停业整顿,降低资质等级或者吊销测绘资质证书;构成犯罪的,依法追究刑事责任。

(7)未在地图的适当位置显著标注审图号,或者未按照有关规定送交样本的,责令改正,给予警告;情节严重的,责令停业整顿,降低资质等级或者吊销测绘资质证书。

8.8.4 地图出版

(1)县级以上人民政府出版行政主管部门应当加强对地图出版活动的监督管理,依法对地图出版违法行为进行查处。

(2)出版单位从事地图出版活动的,应当具有国务院出版行政主管部门审核批准的地图出版业务范围,并依照《出版管理条例》的有关规定办理审批手续。

(3)出版单位根据需要,可以在出版物中插附经审核批准的地图。

(4)任何出版单位不得出版未经审定的中小学教学地图。

(5)出版单位出版地图,应当按照国家有关规定向国家图书馆、中国版本图书馆和国务院出版行政主管部门免费送交样本。

(6)地图著作权的保护,依照有关著作权法律、法规的规定执行。

8.8.5 互联网地图服务

(1)国家鼓励和支持互联网地图服务单位开展地理信息开发利用和增值服务。县级以上人民政府应当加强对互联网地图服务行业的政策扶持和监督管理。

(2)互联网地图服务单位向公众提供地理位置定位、地理信息上传标注和地图数据库开发等服务的,应当依法取得相应的测绘资质证书。互联网地图服务单位从事互联网地图出版活动的,应当经国务院出版行政主管部门依法审核批准。

(3)互联网地图服务单位应当将存放地图数据的服务器设在中华人民共和国境内,并制定互联网地图数据安全管理制度和保障措施。

(4)互联网地图服务单位收集、使用用户个人信息的,应当明示收集、使用信息的目的、方式和范围,并经用户同意。

(5)互联网地图服务单位用于提供服务的地图数据库及其他数据库不得存储、记录含有按照国家有关规定在地图上不得表示的内容。互联网地图服务单位发现其网站传输的地图信息含有不得表示的内容的,应当立即停止传输,保存有关记录,并向县级以上人民政府测绘地理信息主管部门、出版行政主管部门、网络安全和信息化主管部门等有关部门报告。

(6)任何单位和个人不得通过互联网上传标注含有按照国家有关规定在地图上不得表示的内容。

(7)互联网地图服务单位应当使用经依法审核批准的地图,加强对互联网地图新增内容的核查校对,并按照国家有关规定向国务院测绘地理信息主管部门或者省、自治区、直辖市测绘地理信息主管部门备案。

(8)互联网地图服务单位对在工作中获取的涉及国家秘密、商业秘密的信息,应当保密。

(9)互联网地图服务单位应当加强行业自律,推进行业信用体系建设,提高服务水平。

(10)互联网地图服务单位使用未经依法审核批准的地图提供服务,或者未对互联网地图新增内容进行核查校对的,责令改正,给予警告,可以处20万元以下的罚款;有违法所得的,没收违法所得;情节严重的,责令停业整顿,降低资质等级或者吊销测绘资质证书;构成犯罪的,依法追究刑事责任。

(11)通过互联网上传标注了含有按照国家有关规定在地图上不得表示的内容的,责令改正,给予警告,可以处10万元以下的罚款;构成犯罪的,依法追究刑事责任。

子项目9 测绘成果产权保护

知识产权指公民、法人或者其他组织对其在科学技术和文学艺术等领域内,主要基于脑力劳动创造完成的智力成果所依法享有的专有权利。按权利内容划分,知识产权包括人身权利和财产权利。按照智力活动成果的不同类型划分,知识产权可以分为著作权、商标权、专利权、发明权、发现权等。

测绘成果凝聚了测绘科技工作者的智慧和心血,广泛应用于国民经济建设、国防建设和社会发展各个领域,具有自然资源属性、商品属性和财产属性,测绘成果具有知识产权。国家从法律上确立了测绘成果的知识产权保护制度。《测绘法》第三十三条规定了国家依法保护测绘成果的知识产权。

8.9.1 测绘成果知识产权的基本概念

测绘成果知识产权(简称"测绘成果产权"),指测绘成果所有人依法对测绘成果享有占有、使用、收益和处分的权利。测绘成果产权包括测绘成果的人身权和财产权。这里所说的测绘成果的人身权,主要是测绘成果的人身精神权利,包括对测绘成果的发布权、署名权、修改权和保护数据完整权;测绘成果产权的财产权,包括对测绘成果的所有权、持有权、经营权、转让权、许可使用权、质押权及其收益权。

1. 测绘成果的人身权

测绘成果的人身权指测绘成果的人身精神权利,且是一种永久存在的权利,包括对测绘成果的发布权、署名权、修改权和保护数据的完整权。

2. 测绘成果所有权

测绘成果所有权指所有人依法对自己所有的测绘成果享有占有、使用、收益和处分的权利,是测绘成果产权中最基本的一种权利。

3. 测绘成果产权的持有权

测绘成果产权的持有权指持有权人依法对自己持有的测绘成果享有实际的支配权和收益权,原始持有人还享有人身权。持有权与所有权的区别在于持有权中可能有部分支配权和收益权受到一定程度的限制。

4. 测绘成果产权的经营权

测绘成果产权的经营权指产权人以营利为目的享有对测绘成果进行各种商业活动的权利。

5. 测绘成果产权的转让权

测绘成果产权的转让权指所有权人或持有权人通过合同方式，把自己所有的或持有的测绘成果所有权或持有权进行转移的权利。转让的内容包括出售、交换、赠与和继承。

6. 测绘成果产权的许可使用权

测绘成果产权的许可使用权指所有权人或持有权人通过合同方式，许可他人在一定条件下使用所有权人或持有权人提供的测绘成果的权利。同测绘成果产权的转让权相比，许可使用权转移的只是使用权，被许可使用人不得再许可第三人使用。

7. 测绘成果产权的质押权

测绘成果产权的质押权指所有权人或持有权人为筹集资金，通过合同方式把自己的或者第三人的测绘成果所有权或持有权，用来向债权人作为履行债务担保的权利。

8.9.2 测绘成果产权保护

长期以来，为保护测绘成果产权，维护所有权人的合法权益，国家不论从立法角度，还是在实际监督管理工作中，都进行了积极的探索和研究，并通过立法的方式实施产权保护。目前，我国测绘成果的产权保护主要体现在以下方面：

(1)《基础测绘成果提供使用管理暂行办法》第十六条中规定，被许可使用人应当在使用基础测绘成果所形成的成果的显著位置注明基础测绘成果版权的所有者，以此保护基础测绘成果的知识产权。

(2)《地图管理条例》第三十一条规定，地图著作权的保护，依照有关著作权法律、法规的规定执行，以此保护地图的著作权。《关于加强互联网地图管理工作的通知》第十一条规定，在互联网上登载、复制、发送、转发、引用、嵌入互联网地图，必须在相应页面显著位置标明地图审图号和著作权信息，并应经互联网地图著作权人的同意。

(3)《测绘成果管理条例》第二十条规定，测绘成果涉及著作权保护和管理的，依照有关法律、行政法规的规定执行。

子项目 10 测绘标准化管理

8.10.1 测绘地理信息标准的概念

测绘地理信息标准是针对性很强的技术标准。指对测绘活动的过程、成果、产品、服务等，针对一定范围内需要统一的技术要求、规格格式、精度指标、管理程序，从设计、生产、检验、应用等方面所制定的需要共同遵守的规定。测绘地理信息标准化是测绘地理信息事业的重要组成部分，是测绘地理信息供给侧结构性改革和转型升级发展的重要内容，是实现测绘地理信息公益性服务和产业化服务协同发展的重要保障。

2020 年 6 月，自然资源部发布《关于印发〈自然资源标准化管理办法〉的通知》(自然资发

〔2020〕100 号）。办法中指出，自然资源标准分为国家标准、行业标准、地方标准、团体标准和企业标准。对通用的保障人身健康和生命财产安全、国家安全、生态环境安全以及满足经济社会管理基本需要的技术要求，应当制定强制性国家标准。对满足基础通用、与强制性国家标准配套、对有关行业起引领作用等需要的技术要求，制定推荐性国家标准。对没有国家标准、需要在自然资源某个行业范围内统一的技术要求，制定推荐性行业标准。如因地方自然条件、资源禀赋特点，确需明确特殊技术要求的，省级自然资源行业主管部门可组织制定自然资源地方标准。鼓励在自然资源相关战略性新兴产业、技术更新迅速、市场成熟度较高的领域利用自主创新技术制定团体标准、企业标准。地方标准、团体标准和企业标准的技术要求应与相关国家标准和行业标准协调配套。

2020 年 8 月，第五届全国地理信息标准化技术委员会（简称“标委会”）成立，设置信息化、测绘和卫星应用三个分技术委员会（简称“分技委”）。工作范围主要负责自然资源领域信息化、测绘地理信息、卫星应用等领域国家标准和行业标准制修订工作。

8.10.2　标准制定、修订程序

1. 起草阶段

标准牵头起草单位组织成立由各利益相关方权威技术专家组成的标准起草组。标准起草组在充分调研的基础上，按照标准编写有关规定起草标准，形成标准征求意见稿和编制说明，报分技委或标委会。

2. 征求意见阶段

分技委或标委会组织专家对标准征求意见稿及有关材料进行审查。通过审查的征求意见稿由标委会组织向各利益相关主体广泛征求意见。如需征求国务院有关部门意见，由部科技主管司局组织。属强制性标准的须通过部门户网站向社会公开征求意见。标准起草组对反馈意见进行研究处理，填写标准征求意见汇总处理表，形成标准送审稿，报送分技委或标委会。

3. 审查阶段

分技委或标委会将标准送审稿报经部科技主管司局（科技主管司局视情况征求管理委员会意见）同意后，组织会议审查或函审，形成标准审查会议纪要或标准函审意见。视标准内容，可跨分技委或标委会邀请委员参加审查。通过审查的送审稿，由标准起草组按照审查意见的要求，对标准送审稿进行修改，完成标准报批稿和编制说明等报批材料。

4. 报批阶段

标委会在收到起草单位或分技委的报批材料后对标准修改情况、意见处理情况等进行审核，审核通过报送部科技主管司局。

科技主管司局在收到报批材料后履行部内审批，包括部内征求意见、部外网公示报部审批等。起草单位应审慎处理上述环节中收集到的相关意见，若需修改报批稿，应提出充分的科学依据，对修改内容作详细说明，并征求标委会意见。

经部审批通过后，属国家标准的，报国务院标准化行政主管部门审批、发布；属行业标准的，由部发布公告，原则上不得对经部审定发布的标准进行技术内容调整，如确需重大修改应进行重新审查。

行业标准发布后按要求报国务院标准化行政主管部门备案；鼓励地方标准在向国务院标

准化行政主管部门备案后，向部科技主管司局通报；鼓励相关社会团体向部科技主管司局报送团体标准的有关信息。

8.10.3 测绘地理信息标准的查询

自然资源部已整合并建立统一的自然资源部标准化信息服务平台，实现了测绘地理信息标准体系框架内容以及各级标准相关信息的一站式查询获取和在线管理，提升标准网络化管理和服务水平。

《测绘标准体系(2017 修订版)》包含“定义与描述”“获取与处理”“成果”“应用服务”“检验与测试”和“管理”共 6 大类 36 小类标准，每一个小类标准包含若干国家标准或行业标准，如图 8.1 所示。6 大类标准之间相互关联，从而构成一个覆盖整个测绘领域的结构化、系统性和可扩展的标准体系。6 大类标准完整描述了测绘地理信息标准化领域，覆盖了整个测绘活动过程，并具有较强的稳定性。6 大类标准的作用和特征如下。

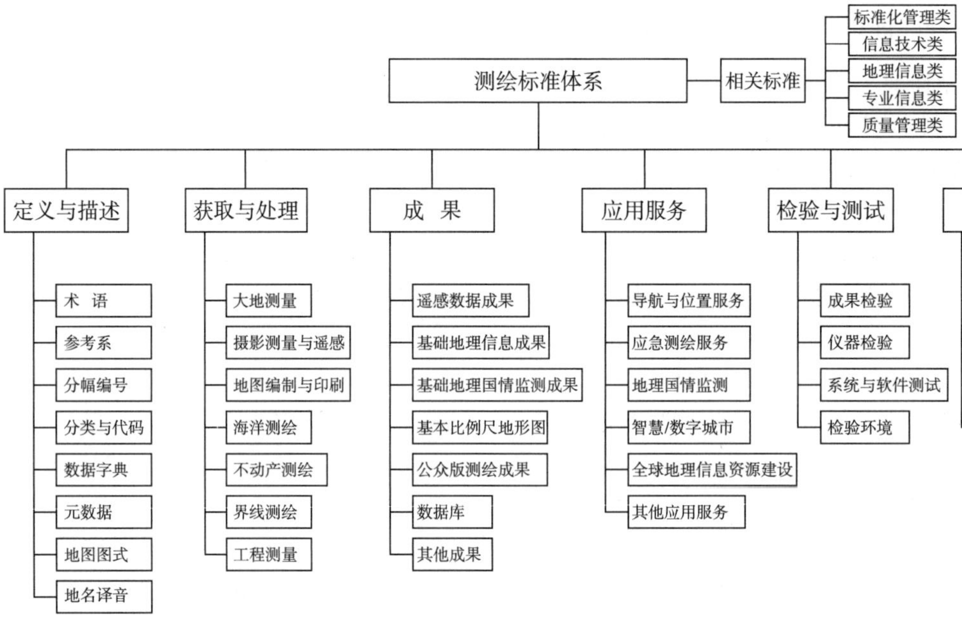

图 8.1 测绘标准体系框架

1. 定义与描述类标准

定义与描述类标准为测绘提供基础性、公共性描述，确保信息的互联互通和一致理解，促进信息融合、共享和使用。该类标准可以作为其他标准的基础和依据，具有普遍指导意义。

2. 获取与处理类标准

获取与处理类标准是为满足特定要求，对测绘生产所采用技术方法、途径等需要协调的事项进行规范统一，以满足连续、重复使用要求的通用性标准。该类标准规定测绘过程中的技术要求、参数和程序，支撑测绘成果按技术规范高效生产，可作为其他标准的基础和依据。

3. 成果类标准

成果类标准是测绘成果生产、使用和维护中需遵守的技术准则、要求方面的专用标准。该类标准描述测绘成果的结构、规格、质量等技术指标，以保证测绘成果的规范性。

4. 应用服务类标准

应用服务类标准是对测绘应用服务对象定义与描述、技术要求与流程、成果内容与指标、服务运行等方面进行规范的专用标准。该类标准为测绘应用服务提供支撑。

5. 检验与测试类标准

检验与测试类标准是为验证测绘生产、成果和应用服务是否满足确定准则，对成果、仪器设备、软件和环境进行检查和验收的通用或专用标准。检验与测试类标准提供质量要求、检测内容与方法、质量评定标准等。

6. 管理类标准

管理类标准是为保障测绘工作的协调运行和顺利实施，以测绘管理领域共性因素为对象所制定的通用标准。管理类标准提供测绘项目、成果、文档和安全方面的管理手段和措施，是测绘生产、管理和维护的重要保障。

8.10.4 《测绘法》对测绘地理信息标准化的规定

(1)从事测绘活动，应当使用国家规定的测绘基准和测绘系统，执行国家规定的测绘技术规范和标准。

(2)国家建立全国统一的大地坐标系统、平面坐标系统、高程系统、地心坐标系统和重力测量系统，确定国家大地测量等级和精度以及国家基本比例尺地图的系列和基本精度。

(3)卫星导航定位基准站的建设和运行维护应当符合国家标准和要求，不得危害国家安全。卫星导航定位基准站的建设和运行维护单位应当建立数据安全保障制度，并遵守保密法律、行政法规的规定。县级以上人民政府测绘地理信息主管部门应当会同本级人民政府其他有关部门，加强对卫星导航定位基准站建设和运行维护的规范和指导。

(4)城乡建设领域的工程测量活动，与房屋产权、产籍相关的房屋面积的测量，应当执行由国务院住房城乡建设主管部门、国务院测绘地理信息主管部门组织编制的测量技术规范。水利、能源、交通、通信、资源开发和其他领域的工程测量活动，应当执行国家有关的工程测量技术规范。

(5)建立地理信息系统必须采用符合国家标准的基础地理信息数据。

练习与思考题

1. 测绘成果目录或者副本实行(　　)。

   A. 有偿汇交　　B. 无偿汇交　　C. 无偿汇交与有偿汇交相结合

2. 《测绘法》规定，不汇交测绘成果资料的，责令限期汇交；逾期不汇交的，对测绘项目出资人处以重测所需费用(　　)的罚款。

   A. 一倍以上二倍以下　　B. 一倍以上

   C. 二倍以下　　D. 一倍以上三倍以下

3. 利用属于国家秘密的测绘成果委托有关单位进行规划、设计、信息系统开发等活动的，委托单位应当与被委托单位签订(　　)。

   A. 保存协议　　B. 保密协议　　C. 保管协议

4. 经审核批准生产的地图产品,生产企业应当在地图产品上载明(　　)。

A. 地图编制单位　　B. 地图审图号　　C. 地图审批部门

5. 测绘国家标准分为(　　)。

A. 强制性标准和推荐性标准　　B. 专业性标准和国家性标准

C. 强制性标准和专业性标准　　D. 国家性标准和推荐性标准

项目九　测绘法律法规的基本知识

[概述]

本项目重点对我国现行的主要测绘法律、行政法规、部门规章和规范性文件，以及我国《测绘法》中涉及的基本法律制度进行综合简要的概述，从而帮助学生系统掌握测绘法律法规的基本体系和现状。

[学习目标]

①掌握测绘法律法规的基本体系构成；②了解测绘基本法律制度主体内容。

子项目 1　测绘法律法规的基本体系

目前，我国已经初步建立了由法律、行政法规、地方性法规、部门规章、地方政府规章、规范性文件等共同组成的测绘法律法规体系，为测绘管理提供了依据，为从事测绘活动提供了基本准则。

9.1.1　法　律

在我国，法律由全国人民代表大会及其常务委员会制定。现行测绘法律是《测绘法》。《测绘法》的制定，是为了加强测绘管理，促进测绘事业发展，保障测绘事业为经济建设、国防建设、社会发展和生态保护服务，维护国家地理信息安全而制定的法律。《测绘法》于 1992 年 12 月 28 日经第七届全国人民代表大会常务委员会第 29 次会议审议通过，中华人民共和国主席令第 66 号予以公布，并于 1993 年 7 月 1 日起实施；2002 年 8 月 29 日第九届全国人民代表大会常务委员会第 29 次会议第 1 次修订，自 2002 年 12 月 1 日起施行；2017 年 4 月 27 日第十二届全国人民代表大会常务委员会第 27 次会议第 2 次修订，自 2017 年 7 月 1 日起施行。

《测绘法》是在我国从事测绘活动和进行测绘管理的基本准则和依据，是我国测绘工作的基本法律，是从事测绘活动的基本准则。

9.1.2　行政法规

行政法规是指国务院根据宪法和法律，按照法定程序制定的有关行使行政权力，履行行政职责的规范性文件的总称。行政法规的地位和效力仅次于法律，服从于宪法和法律。目前，测绘行政法规主要有《地图管理条例》《中华人民共和国测量标志保护条例》《中华人民共和国测绘成果管理条例》和《基础测绘条例》。

1.《地图管理条例》

《地图管理条例》于 2015 年 11 月 11 日由国务院第 111 次常务会议通过，2015 年 11 月 26 日中华人民共和国国务院令第 664 号公布，自 2016 年 1 月 1 日起施行。国务院 1995 年 7 月 10 日发布的《中华人民共和国地图编制出版管理条例》同时废止。该条例是一部专门规范地图编制出版活动的行政法规，也是现行地图管理的主要依据。该条例对地图的编制、审核、出版和互联网地图服务以及监督检查活动及法律责任等内容作出了明确的规定。

2.《中华人民共和国测量标志保护条例》

《中华人民共和国测量标志保护条例》于 1996 年 9 月 4 日由中华人民共和国国务院令第 203 号公布，自 1997 年 1 月 1 日起施行。该条例对测量标志管理的职责分工，测量标志的建设要求、占地范围、设置标记、义务保管、检查维修、有偿使用、拆迁审批、标志保护，以及破坏测量标志的违法行为等内容作出了规定。

3.《中华人民共和国测绘成果管理条例》

《中华人民共和国测绘成果管理条例》于 2006 年 5 月 27 日由中华人民共和国国务院令第 469 号公布，自 2006 年 9 月 1 日起施行。该条例对测绘成果的汇交与保管、秘密范围和等级确定、利用涉及国家秘密的测绘成果保密技术处理、利用测绘成果的审批、著作权保护、重要地理信息数据的审核与公布等内容作出了规定。

4.《基础测绘条例》

《基础测绘条例》于 2009 年 5 月 12 日由中华人民共和国国务院令第 556 号公布，自 2009 年 8 月 1 日起施行。该条例对基础测绘的分级管理、规划和计划制定、经费来源、组织实施、成果实施、信息共享等作出了规定。

9.1.3 部门规章

部门规章是国务院各部门、委员会、中国人民银行、审计署和具有行政管理职能的直属机构，根据法律和国务院的行政法规、决定、命令，在本部门的权限范围内制定和发布的调整本部门范围内的行政管理关系的，并不得与宪法、法律和行政法规相抵触的规范性文件。主要的测绘部门规章如下。

1.《房产测绘管理办法》

该办法根据《测绘法》和《中华人民共和国城市房地产管理法》制定，对房产测绘的委托、资格管理、成果管理、法律责任等作出了规定。2000 年 12 月 28 日，由中华人民共和国建设部、国家测绘局令第 83 号公布，自 2001 年 5 月 1 日起施行。

2.《地图审核管理规定》

该规定是为实施《测绘法》和《地图管理条例》的有关规定而制定的部门规章，主要对地图审核主体、地图审核的申请与受理、地图内容审查、审批与备案、罚则等作出规定。2006 年 6 月 23 日，由中华人民共和国国土资源部令第 34 号公布。2017 年 11 月 28 日，由中华人民共和国国土资源部第 77 号令公布修订。2019 年 7 月 16 日，由自然资源部第二次部务会议文件《自然资源部关于第一批废止和修改的部门规章的决定》修正。

3.《外国的组织或者个人来华测绘管理暂行办法》

该办法是为实施《测绘法》的有关外国组织或者个人来华测绘制度而制定的部门规章，规定了外国组织或者个人来华测绘必须遵循的原则、组织形式、审批和监督管理、禁止从事的活动、资质条件和资质的申请审批、一次性测绘的申请审批、罚则等。2007 年 1 月 19 日经国土资源部第 38 号令公布，根据 2011 年 4 月 27 日《国土资源部关于修改〈外国的组织或者个人来华测绘管理暂行办法〉的决定》第一次修正，根据 2019 年 7 月 16 日自然资源部第二次部务会议文件《自然资源部关于第一批废止和修改的部门规章的决定》第二次修正。

9.1.4 重要规范性文件

规范性文件是各级机关、团体、组织制发的各类文件中最主要的一类，因其内容具有约束和规范人们行为的性质，故称为规范性文件。目前我国法律法规对于规范性文件的含义、制发主体、制发程序和权限以及审查机制等，尚无全面、统一的规定，但在实际工作中应用较多，各级人民政府及其各工作部门经常发布一些规范性文件。以下列举相关部门颁布的部分重要规范性文件。

1.《国家涉密基础测绘成果资料提供使用审批程序规定》

2010 年 12 月 29 日，国家测绘局在发布的《关于印发甲级测绘资质审批程序规定等 10 项行政审批程序规定的通知》(测办〔2010〕108 号)中，修订了《国家涉密基础测绘成果资料提供使用审批程序规定》，对涉密测绘成果的申请、受理、审批程序以及保密责任书等作出了规定。

2.《测绘资质管理办法》

2021 年 6 月 7 日自然资源部发布《关于印发测绘资质管理办法和测绘资质分类分级标准的通知》(自然资办发〔2021〕43 号)，公布《测绘资质管理办法》自 2021 年 7 月 1 日起施行。该规定对测绘资质监督管理主体、测绘资质等级划分、专业范围划分、资质条件、申请、受理、审批、注册、罚则等作出了规定。

3.《测绘资质分类分级标准》

此标准与《测绘资质管理办法》相衔接，于 2021 年 6 月 7 日由自然资源部发布的《关于印发测绘资质管理办法和测绘资质分类分级标准的通知》(自然资办发〔2021〕43 号)予以公布，自 2021 年 7 月 1 日起施行。标准划分为通用标准、专业标准两部分。文件对各个测绘专业不同等级测绘资质应当具备的最低条件作出了规定，包括主体资格、专业技术人员、仪器设备、业绩、作业限制范围等方面。

4.《测绘作业证管理规定》

此规定根据《测绘法》中有关测绘作业证的条款制定，2004 年 4 月 19 日由国家测绘局发布《关于印发〈测绘作业证管理规定〉的通知》(国测法字〔2004〕5 号)，自 2004 年 6 月 1 日起施行。对测绘作业证的管理、申请、受理、审核、发放、注册、使用、当事人的权利和义务等作出了规定。

5.《测绘地理信息行业信用管理办法》和《测绘地理信息行业信用指标体系》

《测绘地理信息行业信用管理办法》和《测绘地理信息行业信用指标体系》根据《测绘法》《企业信息公示暂行条例》《国务院办公厅关于促进地理信息产业发展的意见》制定。2015 年 12 月 3 日由国家测绘地理信息局发布《关于印发〈测绘地理信息行业信用管理办法〉和〈测绘地理信息行业信用指标体系〉的通知》(国测管发〔2015〕57 号)，自 2016 年 1 月 1 日起施行。该办法对测绘单位信用信息管理、依法予以公示和界定测绘单位的信用等级作出了规定。

6.《建立相对独立的平面坐标系统管理办法》

此规定根据《测绘法》中有关建立相对独立平面坐标系统的条款而制定，2006 年 4 月 12 日由国家测绘局发布《关于印发〈建立相对独立的平面坐标系统管理办法〉的通知》(国测法字〔2006〕5 号)，自发布之日起施行。其中对相对独立的平面坐标系统的含义、审批主体、申请、受理、审批程序和期限等作出了规定。

7.《自然资源标准化管理办法》

此办法依据《中华人民共和国标准化法》《全国专业标准化技术委员会管理办法》及相关规定制定，于 2020 年 6 月 24 日由自然资源部公布《关于印发〈自然资源标准化管理办法〉的通知》(自然资发〔2020〕100 号)，自发布之日起开始施行。其中对自然资源标准分类、自然资源标准化工作的组织机构和职责分工、自然资源标准制定和修订的程序及复审等作出了规定。

8.《测绘计量管理暂行办法》

此办法根据《中华人民共和国计量法》制定，1996年5月22日由国家测绘局发布《关于发布〈测绘计量管理暂行办法〉的通知》(国测国字〔1996〕24号)，自发布之日起施行。其中对计量标准的考核认证、测绘计量器具的检定机构的授权、计量检定人员的考核认证、测绘计量器具的检定办法和要求等作出了规定。

9.《测绘地理信息质量管理办法》

此办法根据《测绘法》和《中华人民共和国产品质量法》制定，2015年6月26日由国家测绘地理信息局发布《关于印发〈测绘地理信息质量管理办法〉的通知》(国测国发〔2015〕17号)，自发布之日起实施。该办法对测绘地理信息质量的含义、监督管理、测绘单位的质量责任与义务、测绘质检机构的质量责任与义务、质量奖惩等作出了规定。

10.《测绘生产质量管理规定》

此规定根据《测绘法》制定，1997年7月22日由国家测绘局发布《关于颁布〈测绘生产质量管理规定〉的通知》(国测国字〔1997〕20号)，自发布之日起施行。其中对测绘单位质量管理机构和人员、测绘质量责任制、生产组织准备的质量管理、生产作业过程的质量管理、产品使用过程的质量管理、质量奖惩等作出了规定。

11.《测绘成果质量监督抽查管理办法》

此办法根据《测绘法》制定，2010年3月24日由国家测绘局发布《关于印发〈测绘成果质量监督抽查管理办法〉的通知》(国测国发〔2010〕9号)，自发布之日起施行。该办法对测绘成果质量监督抽查计划与方案的制定，监督检查、异议受理、结果处理等作出了规定。

12.《测绘地理信息档案管理规定》

此规定根据《中华人民共和国档案法》及其实施办法、《测绘法》制定，2017年7月24日由国家测绘地理信息局、国家档案局共同发布《关于印发〈测绘地理信息档案管理规定〉的通知》(国测发〔2017〕6号)，自发布之日起施行。其中对测绘地理信息档案的内容、机构及其职责、接收和管理、信息资源开发与利用等作出了规定。

13.《基础测绘成果提供使用管理暂行办法》

此办法根据《测绘法》和《测绘成果管理条例》制定，2006年9月15日由国家测绘局发布《关于印发〈基础测绘成果提供使用管理暂行办法〉的通知》(国测法字〔2016〕13号)，自发布之日起施行。其中对基础测绘成果提供使用管理机构、使用条件、申请、受理、批准、领取、提供、使用原则、使用情况跟踪检查等作出了规定。

14.《基础测绘成果应急提供办法》

此办法根据《中华人民共和国突发事件应对法》《测绘法》《测绘成果管理条例》等法律法规的规定以及《国家突发公共事件总体应急预案》的要求制定，2007年12月28日由国家测绘局发布《关于印发〈基础测绘成果应急提供办法〉的通知》(国测法字〔2007〕13号)。其中对应急测绘保障和基础测绘设施建设的主要内容和原则、基础测绘成果应急提供的有关权利义务和责任作出了规定。

15.《关于全面开展地理国情监测的指导意见》

此意见依据《国民经济和社会发展第十三个五年规划纲要》《全国基础测绘中长期规划纲要(2015—2030年)》《测绘地理信息事业“十三五”规划》制定。2017年5月8日由国家测绘地理信息局发布《关于全面开展地理国情监测的指导意见》(国测国发〔2017〕8号)，其中对开展地理国情监测的总体要求、重点任务、保障措施作出了规定。

9.1.5　地方性法规与地方政府规章

1. 地方性法规

地方性法规是有立法权的地方国家机关依法制定与发布的具有法律效力的规范性文件。根据宪法等有关法律的规定，省、自治区、直辖市、设区的市和自治州的人民代表大会及其常委会，根据本行政区域的具体情况和实际需要，在不与宪法、法律、行政法规和本省、自治区的地方性法规相抵触的前提下有权制定地方性法规。地方性法规在本行政区域内有效，其效力低于宪法、法律和行政法规。民族自治地方的人民代表大会可以制定自治条例和单行条例，经批准生效后在本自治地方适用。

目前，绝大多数省、自治区、直辖市都制定了测绘地方性法规，多见于各地的测绘管理条例或者实施测绘法办法。

2. 地方政府规章

省、自治区、直辖市和设区的市、自治州的人民政府，可以根据法律、行政法规和本省、自治区、直辖市的地方性法规，制定规章。地方政府规章应当经政府常务会议或者全体会议决定。地方政府规章由省长、自治区主席、市长或者自治州州长签署命令予以公布。其效力等级低于宪法、法律、行政法规和地方性法规，仅在特定的行政区域内有效。

目前，已有一些地方政府制定了测绘方面的规章。

子项目2　测绘基本法律制度

《测绘法》是从事测绘活动和进行测绘管理的基本法律，是制定测绘行政法规、部门规章和规范性文件、地方性法规等的主要依据。

《测绘法》确定的基本制度可以划分为测绘管理体制、测绘准入体制、测绘权利保障制度、测绘项目与测绘市场制度、维护国家安全和主权的测绘管理制度、测绘公共项目的管理制度、维护不动产权益的测绘管理制度、促进地理信息共享的制度、测绘公共设施保护制度等。

9.2.1　测绘管理体制

1. 各级人民政府加强测绘工作领导

《测绘法》第三条规定，测绘事业是经济建设、国防建设、社会发展的基础性事业，各级人民政府应当加强对测绘工作的领导。

根据该条规定，国务院、省(自治区、直辖市)人民政府以及市县、乡等各级人民政府都应当加强对测绘工作的领导。

2. 测绘地理信息主管部门对测绘工作实行统一监督管理

《测绘法》第四条规定，国务院测绘地理信息主管部门负责全国测绘工作的统一监督管理，县级以上地方人民政府测绘地理信息主管部门负责本行政区域测绘工作的统一监督管理。

第四十八条规定，县级以上人民政府测绘地理信息主管部门应当对测绘单位实行信用管理，并依法将其信用信息予以公示。

第四十九条规定，县级以上人民政府测绘地理信息主管部门应当建立健全随机抽查机制，依法履行监督检查职责，发现涉嫌违反本法规定行为的，可以依法采取下列措施：①查阅、复制有关合同、票据、账簿、登记台账以及其他有关文件、资料；②查封、扣押与涉嫌违法测绘行为直接相关的设备、工具、原材料、测绘成果资料等。

根据上述规定，县级以上人民政府测绘地理信息主管部门应当负责测绘工作的统一监督管理，对测绘单位实行信用管理，建立健全随机抽查机制，依法履行监督检查职责。

3．县级以上人民政府其他有关部门的责任

《测绘法》第四条规定，县级以上地方人民政府其他有关部门按照本级人民政府规定的职责分工，负责本部门有关的测绘工作。

第四十六条规定，县级以上人民政府测绘地理信息主管部门应当会同本级人民政府其他有关部门建立地理信息安全管理制度和技术防控体系，并加强对地理信息安全的监督管理。

4．军队测绘部门的责任

《测绘法》第四条规定，军队测绘部门负责管理军事部门的测绘工作，并按照国务院、中央军事委员会规定的职责分工负责管理海洋基础测绘工作。

9.2.2 测绘准入体制

1．测绘资质管理制度

《测绘法》第二十七条规定，国家对从事测绘活动的单位实行测绘资质管理制度。从事测绘活动的单位应当具备下列条件，并依法取得相应等级的测绘资质证书，方可从事测绘活动：①有法人资格；②有与从事的测绘活动相适应的专业技术人员；③有与从事的测绘活动相适应的技术装备和设施；④有健全的技术和质量保证体系、安全保障措施、信息安全保密管理制度以及测绘成果和资料档案管理制度。

第二十八条规定，国务院测绘地理信息主管部门和省、自治区、直辖市人民政府测绘地理信息主管部门按照各自的职责负责测绘资质审查、发放测绘资质证书；具体办法由国务院测绘地理信息主管部门商国务院其他有关部门规定；军队测绘部门负责军事测绘单位的测绘资质审查。

第二十九条规定，测绘单位不得超越资质等级许可的范围从事测绘活动，不得以其他测绘单位的名义从事测绘活动，不得允许其他单位以本单位的名义从事测绘活动。

第三十二条规定，测绘单位的测绘资质证书，由国务院测绘地理信息主管部门统一规定。

2．测绘执业资格制度

《测绘法》第三十条规定，从事测绘活动的专业技术人员应当具备相应的执业资格条件；具体办法由国务院测绘地理信息主管部门会同国务院人力资源社会保障主管部门规定。

第三十二条规定，测绘专业技术人员的执业证书和测绘人员的测绘作业证件的式样，由国务院测绘地理信息主管部门统一规定。

第五十九条规定，违反本法规定，未取得测绘执业资格，擅自从事测绘活动的，责令停止违法行为，没收违法所得和测绘成果，对其所在单位可以处违法所得二倍以下的罚款；情节严重的，没收测绘工具；造成损失的，依法承担赔偿责任。

根据上述规定，测绘专业技术人员应当申请取得测绘执业资格；未取得测绘执业资格从事测绘活动应当受到处罚；国务院测绘地理信息主管部门应该会同国务院人力资源社会保障主管部门制定执业资格的具体规定；国务院测绘地理信息主管部门应当规定测绘专业技术人员的执业证书的式样。

9.2.3　测绘权利保障制度

《测绘法》第三十一条规定，测绘人员进行测绘活动时，应当持有测绘作业证件；任何单位和个人不得阻碍测绘人员依法进行测绘活动。

第四十九条规定，被检查的单位和个人应当配合，如实提供有关文件、资料，不得隐瞒、拒绝和阻碍；任何单位和个人对违反本法规定的行为，有权向县级以上人民政府测绘地理信息主管部门举报；接到举报的测绘地理信息主管部门应当及时依法处理。

根据上述规定，持有测绘作业证件的测绘人员从事合法测绘活动的权利受《测绘法》保护。测绘单位和个人应主动配合测绘地理信息主管部门的监督检查，有权举报违法行为。

9.2.4　测绘项目与测绘市场制度

《测绘法》第二十九条规定，测绘项目实行招投标的，测绘项目的招标单位应当依法在招标公告或者投标邀请书中对测绘单位资质等级作出要求，不得让不具有相应测绘资质等级的单位中标，不得让测绘单位低于测绘成本中标；中标的测绘单位不得向他人转让测绘项目。

第五十七条规定，违反本法规定，测绘项目的招标单位让不具有相应资质等级的测绘单位中标，或者让测绘单位低于测绘成本中标的，责令改正，可以处测绘约定报酬二倍以下的罚款；招标单位的工作人员利用职务上的便利，索取他人财物，或者非法收受他人财物为他人谋取利益的，依法给予处分；构成犯罪的，依法追究刑事责任。

第五十八条规定，违反本法规定，中标的测绘单位向他人转让测绘项目的，责令改正，没收违法所得，处测绘约定报酬一倍以上二倍以下的罚款，并可以责令停业整顿或者降低测绘资质等级；情节严重的，吊销测绘资质证书。

根据上述规定，测绘项目应当依法进行招投标活动；测绘地理信息主管部门应当对测绘项目的招投标活动进行监督，依法查处违法行为。

除《测绘法》外，《中华人民共和国招标投标法》也赋予了测绘地理信息主管部门在测绘项目招投标活动中的监督管理责任，包括监督检查招标、投标活动，审查招标投标情况的书目报告，查处招投标过程中的违法行为等。

9.2.5　维护国家安全和主权的测绘管理制度

1. 外国组织或个人来华测绘

《测绘法》第八条规定，外国的组织或者个人在中华人民共和国领域和中华人民共和国管辖的其他海域从事测绘活动，应当经国务院测绘地理信息主管部门会同军队测绘部门批准，并遵守中华人民共和国有关法律、行政法规的规定；外国的组织或者个人在中华人民共和国领域从事测绘活动，应当与中华人民共和国有关部门或者单位合作进行，并不得涉及国家秘密和危害国家安全。

第五十一条规定，违反本法规定，外国的组织或者个人未经批准，或者未与中华人民共和国有关部门、单位合作，擅自从事测绘活动的，责令停止违法行为，没收违法所得、测绘成果和测绘工具，并处10万元以上50万元以下的罚款；情节严重的，并处50万元以上100万元以下的罚款，限期出境或者驱逐出境；构成犯罪的，依法追究刑事责任。

根据上述规定，外国组织或个人来华从事测绘活动，必须经过审批，并与我国有关部门或单位合作，否则将受到处罚。

2. 测绘成果的保密

《测绘法》第三十四条规定，测绘成果保管单位应当采取措施保障测绘成果的完整和安全，并按照国家有关规定向社会公开和提供利用。测绘成果属于国家秘密的，适用保密法律、行政法规的规定；需要对外提供的，按照国务院和中央军事委员会规定的审批程序执行。

第四十七条规定，地理信息生产、保管、利用单位应当对属于国家秘密的地理信息的获取、持有、提供、利用情况进行登记并长期保存，实行可追溯管理。从事测绘活动涉及获取、持有、提供、利用属于国家秘密的地理信息，应当遵守保密法律、行政法规和国家有关规定。

根据上述规定，测绘成果的保密适用国家保密法律法规，对外提供涉密的测绘成果，应该经过审批；对属于国家秘密的地理信息实行可追溯管理。

3. 国界线的测绘

《测绘法》第二十条规定，中华人民共和国国界线的测绘，按照中华人民共和国与相邻国家缔结的边界条约或者协定执行，由外交部组织实施；中华人民共和国地图的国界线标准样图，由外交部和国务院测绘地理信息主管部门拟定，报国务院批准后公布。

4. 行政区域界线测绘

《测绘法》第二十一条规定，行政区域界线的测绘，按照国务院有关规定执行。省、自治区、直辖市和自治州、县、自治县、市行政区域界线的标准画法图，由国务院民政部门和国务院测绘地理信息主管部门拟定，报国务院批准后公布。

5. 地图管理

《测绘法》第三十八条规定，地图的编制、出版、展示、登载及更新应当遵守国家有关地图编制标准、地图内容表示、地图审核的规定；互联网地图服务提供者应当使用经依法审核批准的地图，建立地图数据安全管理制度，采取安全保障措施，加强对互联网地图新增内容的核校，提高服务质量；县级以上人民政府和测绘地理信息主管部门、网信部门等有关部门应当加强对地图编制、出版、展示、登载和互联网地图服务的监督管理，保证地图质量，维护国家主权、安全和利益；地图管理的具体办法由国务院规定。

9.2.6 测绘公共项目的管理制度

1. 测绘基准

《测绘法》第九条规定，国家设立和采用全国统一的大地基准、高程基准、深度基准和重力基准，其数据由国务院测绘地理信息主管部门审核，并与国务院其他有关部门、军队测绘部门会商后，报国务院批准。

这里包括几层含义：一是国家设立全国统一的测绘基准；二是设立测绘基准要有严格的审核审批程序，测绘基准数据由国务院测绘地理信息主管部门审核，并与国务院其他有关部门、军队测绘部门会商后，报国务院批准后方可设定；三是从事测绘活动，应当采用国家规定的测绘基准。

2. 测绘系统

《测绘法》第十条规定,国家建立全国统一的大地坐标系统、平面坐标系统、高程系统、地心坐标系统和重力测量系统,确定国家大地测量等级和精度以及国家基本比例尺地图的系列和基本精度。

这里包括几层含义:一是国家设立全国统一的测绘系统;二是在测绘活动中,应当采用国家统一的测绘系统。

3. 建立相对独立的平面坐标系统

《测绘法》第十一条规定,因建设、城市规划和科学研究的需要,国家重大工程项目和国务院确定的大城市确需建立相对独立的平面坐标系统的,由国务院测绘地理信息主管部门批准;其他确需建立相对独立的平面坐标系统的,由省、自治区、直辖市人民政府测绘地理信息主管部门批准;建立相对独立的平面坐标系统,应当与国家坐标系统相联系。

第五十二条规定,违反本法规定,未经批准擅自建立相对独立的平面坐标系统的,给予警告,责令改正,可以并处50万元以下的罚款;对直接负责的主管人员和其他直接责任人员,依法给予处分。

根据上述规定,建立和使用相对独立的平面坐标系统,必须经过测绘地理信息主管部门的批准,否则将受到处罚。

4. 建立卫星导航定位基准服务系统

《测绘法》第十二条规定,国务院测绘地理信息主管部门和省、自治区、直辖市人民政府测绘地理信息主管部门应当会同本级人民政府其他有关部门,按照统筹建设、资源共享的原则,建立统一的卫星导航定位基准服务系统,提供导航定位基准信息公共服务。

第十三条规定,建设卫星导航定位基准站的,建设单位应当按照国家有关规定报国务院测绘地理信息主管部门或者省、自治区、直辖市人民政府测绘地理信息主管部门备案;国务院测绘地理信息主管部门应当汇总全国卫星导航定位基准站建设备案情况,并定期向军队测绘部门通报。

根据上述规定,卫星导航定位基准服务系统由政府部门统筹建设,卫星导航定位基准站建设单位必须向测绘地理信息主管部门报备。

9.2.7　维护不动产权益的测绘管理制度

《测绘法》第二十二条规定,县级以上人民政府测绘地理信息主管部门应当会同本级人民政府不动产登记主管部门,加强对不动产测绘的管理;测量土地、建筑物、构筑物和地面其他附着物的权属界址线,应当按照县级以上人民政府确定的权属界线的界址点、界址线或者提供的有关登记资料和附图进行;权属界址线发生变化的,有关当事人应当及时进行变更测绘。

9.2.8　促进地理信息共享的制度

1. 测绘成果汇交制度

《测绘法》第三十三条规定,国家实行测绘成果汇交制度。测绘项目完成后,测绘项目出资人或者承担国家投资的测绘项目的单位,应当向国务院测绘地理信息主管部门或者省、自治区、直辖市人民政府测绘地理信息主管部门汇交测绘成果资料。属于基础测绘项目的,应当汇交测绘成果副本;属于非基础测绘项目的,应当汇交测绘成果目录。

2. 测绘成果目录向社会公布制度

《测绘法》第三十三条规定，国务院测绘地理信息主管部门和省、自治区、直辖市人民政府测绘地理信息主管部门应当及时编制测绘成果目录，并向社会公布。

3. 测绘成果提供和使用制度

《测绘法》第三十四条规定，县级以上人民政府测绘地理信息主管部门应当积极推进公众版测绘成果的加工和编制工作，通过提供公众版测绘成果、保密技术处理等方式，促进测绘成果的社会化应用；测绘成果保管单位应当采取措施保障测绘成果的完整和安全，并按照国家有关规定向社会公开和提供利用。

《测绘法》第三十六条规定，基础测绘成果和国家投资完成的其他测绘成果，用于政府决策、国防建设和公共服务的，应当无偿提供；除前款规定情形外，测绘成果依法实行有偿使用制度；但是，各级人民政府及有关部门和军队因防灾减灾、应对突发事件、维护国家安全等公共利益的需要，可以无偿使用。

9.2.9 测绘公共设施保护制度

1. 严禁损毁或擅自移动测量标志

《测绘法》第四十一条规定，任何单位和个人不得损毁或者擅自移动永久性测量标志和正在使用中的临时性测量标志，不得侵占永久性测量标志用地，不得在永久性测量标志安全控制范围内从事危害测量标志安全和使用效能的活动。

第六十四条规定，违反本法规定，有下列行为之一的，给予警告，责令改正，可以并处20万元以下的罚款；对直接负责的主管人员和其他直接责任人员，依法给予处分；造成损失的，依法承担赔偿责任；构成犯罪的，依法追究刑事责任：①损毁、擅自移动永久性测量标志或者正在使用中的临时性测量标志；②侵占永久性测量标志用地；③在永久性测量标志安全控制范围内从事危害测量标志安全和使用效能的活动；④违反操作规程使用永久性测量标志，造成永久性测量标志毁损。

2. 建设测量标志设立明显标记并委托保管

《测绘法》第四十二条规定，永久性测量标志的建设单位应当对永久性测量标志设立明显标记，并委托当地有关单位指派专人负责保管。

3. 使用测量标志必须出示作业证

《测绘法》第四十四条规定，测绘人员使用永久性测量标志，应当持有测绘作业证件，并保证测量标志的完好；保管测量标志的人员应当查验测量标志使用后的完好状况。

4. 永久性测量标志的拆迁审批

《测绘法》第四十三条规定，进行工程建设，应当避开永久性测量标志；确实无法避开，需要拆迁永久性测量标志或者使永久性测量标志失去使用效能的，应当经省、自治区、直辖市人民政府测绘地理信息主管部门批准；涉及军用控制点的，应当征得军队测绘部门的同意；所需迁建费用由工程建设单位承担。

第六十四条规定，违反本法规定，擅自拆迁永久性测量标志或者使永久性测量标志失去使用效能，或者拒绝支付迁建费用的，给予警告，责令改正，可以并处20万元以下的罚款；对直接负责的主管人员和其他直接责任人员，依法给予处分；造成损失的，依法承担赔偿责任；构成犯罪的，依法追究刑事责任。

5. 保护和检查维护测量标志

《测绘法》第四十五条规定，县级以上人民政府应当采取有效措施加强测量标志的保护工作；县级以上人民政府测绘地理信息主管部门应当按照规定检查、维护永久性测量标志；乡级人民政府应当做好本行政区域内的测量标志保护工作。

练习与思考题

一、单项选择题

1. 最新修订的《测绘法》于(　　)年7月1日开始实施。

A. 2015　B. 2016　C. 2017　D. 2018

2. 根据《测绘法》规定，由(　　)负责管理海洋基础测绘工作。

A. 国务院测绘地理信息主管部门　B. 沿海各省省级测绘地理信息主管部门

C. 军队测绘部门　D. 甲级测绘资质单位

3. 根据《测绘法》第五十一条规定，外国的组织或者个人未经批准，或者未与中华人民共和国有关部门、单位合作，擅自从事测绘活动的，责令停止违法行为，没收违法所得、测绘成果和测绘工具，并处(　　)的罚款。

A. 1万元以上5万元以下　B. 5万元以上10万元以下

C. 10万元以上50万元以下　D. 50万元以上100万元以下

4. 下列行为，(　　)不属于《测绘法》第五十六条规定的违法行为。

A. 超越资质等级许可的范围从事测绘活动

B. 以其他测绘单位的名义从事测绘活动

C. 允许其他单位以本单位的名义从事测绘活动

D. 向他人转让测绘项目

二、多项选择题

1. 目前，我国的测绘行政法规主要有(　　)。

A.《地图管理条例》　B.《中华人民共和国测量标志保护条例》

C.《基础测绘条例》　D.《中华人民共和国测绘成果管理条例》

2.《测绘法》第十条规定：国家建立全国统一的(　　)。

A. 大地坐标系统　B. 高程系统

C. 地心坐标系统　D. 重力测量系统

E. 平面坐标系统

3. 根据《测绘法》第六十四条规定，有下列(　　)行为之一的，给予警告，责令改正，可以并处20万元以下的罚款；对直接负责的主管人员和其他直接责任人员，依法给予处分；造成损失的，依法承担赔偿责任；构成犯罪的，依法追究刑事责任。

A. 损毁、擅自移动永久性测量标志或者正在使用中的临时性测量标志

B. 侵占永久性测量标志用地

C. 在永久性测量标志安全控制范围内从事危害测量标志安全和使用效能的活动

D. 擅自拆迁永久性测量标志或者使永久性测量标志失去使用效能，或者拒绝支付迁建费用

E. 违反操作规程使用永久性测量标志，造成永久性测量标志毁损

三、问答题

1. 目前，我国的法律法规体系是怎样构成的？
2. 我国制定《测绘法》的主要目的是什么？

项目十　测绘资质资格

［概述］

本项目围绕《测绘法》《测绘资质管理办法》《测绘资质分类分级标准》《测绘作业证管理规定》等法规，重点介绍测绘资质管理和测绘执业资格的有关规定，以及测绘作业证管理制度等内容。

［学习目标］

①掌握测绘资质管理概念和管理要点；②掌握测绘执业资格概念和管理要点；③了解注册测绘师和测绘作业证的管理制度。

子项目 1　测绘资质管理

测绘资质管理制度是《测绘法》规定的一项重要的制度，其中第二十七条、第二十八条、第二十九条、第五十条、第五十五条、第五十六条对测绘资质管理作出了明确的规定。为实施《测绘法》规定的测绘资质管理制度，自然资源部于 2021 年 6 月 7 日修订了《测绘资质管理办法》和《测绘资质分类分级标准》，并自 2021 年 7 月 1 日起在全国测绘资质管理工作中执行。

10.1.1　测绘资质管理的概念

测绘资质管理是指国家对测绘资质作出具体规定，对从事测绘活动的单位进行测绘资质审查、发放测绘资质证书、进行测绘资质监督管理、依法查处无资质测绘等行政行为。其中，测绘资质审查、发放测绘资质证书是依据行政许可法设定的一项行政许可。

10.1.2　测绘资质等级和专业划分

测绘资质是指测绘单位从事测绘活动的素质和能力，包括人员素质、仪器设备、管理制度等物质条件及生产能力、业绩等。为加强对测绘资质的监督管理，《测绘法》规定国家对从事测绘活动的单位实行测绘资质管理制度，从事测绘活动的单位应当依法取得相应等级的测绘资质证书并在资质等级许可的业务范围内从事测绘活动。

目前，我国的测绘资质分为甲、乙两个等级。测绘资质的专业类别分为大地测量、测绘航空摄影、摄影测量与遥感、工程测量、海洋测绘、界线与不动产测绘、地理信息系统工程、地图编制、导航电子地图制作、互联网地图服务。

10.1.3　测绘资质管理职责

《测绘法》第二十八条规定，国务院测绘地理信息主管部门和省、自治区、直辖市人民政府测绘地理信息主管部门按照各自的职责负责测绘资质审查、发放测绘资质证书，具体办法由国务院测绘地理信息主管部门商国务院其他有关部门规定。《测绘资质管理办法》和《测绘资质分类分级标准》规定了各级测绘地理信息主管部门的测绘资质管理职责。

1. 国务院测绘地理信息主管部门的管理职责

(1)制定测绘资质管理的具体办法。

(2)负责审查导航电子地图制作甲级测绘资质的审批和管理。

(3)规定测绘单位的测绘资质证书式样。

(4)负责对全国测绘资质的统一监督管理。

2. 省级测绘地理信息主管部门的管理职责

(1)根据本地实际,调整专业技术人员、技术装备的数量要求。

(2)负责除导航电子地图制作甲级测绘资质外的测绘资质的审批和管理。

(3)负责本行政区域内测绘资质的统一监督管理。

3. 县级以上人民政府自然资源主管部门的管理职责

(1)负责本行政区域内测绘资质的日常监督管理。

(2)负责建立健全随机抽查机制,并将抽查结果向社会公布。

(3)负责加强测绘单位信用体系建设,并依法予以公示。

10.1.4 申请测绘资质的条件

对于申请测绘资质的企业或者事业单位,必须具备下列条件:

(1)有法人资格。

(2)有与从事的测绘活动相适应的测绘专业技术人员和测绘相关专业技术人员。

(3)有与从事的测绘活动相适应的技术装备和设施。

(4)有健全的技术和质量保证体系、安全保障措施、信息安全保密管理制度以及测绘成果和资料档案管理制度。

根据《测绘资质管理办法》,测绘资质等级专业类别的申请条件和申请材料的具体要求,由《测绘资质分类分级标准》规定。

10.1.5 申请测绘资质应当提交的材料

1. 申请测绘资质

《测绘法》对测绘资质管理办法进行了完善和修改,明确测绘单位要有健全的技术和质量保障体系、安全保障措施、信息安全保密管理制度以及测绘成果和资料档案管理制度。其中,安全保障措施、信息安全保密管理制度是指地理信息安全保密监管等措施和制度,测绘单位要在原有制度的基础上,建立地理信息定密、涉密地理信息成果使用审批、地理信息安全保密监管、地理信息公开使用等管理制度。

根据《测绘法》及新版《测绘资质管理办法》和《测绘资质分类分级标准》,申请测绘资质,应当提交如下材料:

(1)法人资格证书。

(2)符合专业标准规定的专业技术人员身份证及依法缴纳社会保险的材料,退休的专业技术人员的退休材料和劳务合同;测绘专业技术人员的学历证书和职称证书,测绘相关专业技术人员的学历证书或职称证书。

(3)符合专业标准规定的技术装备的所有权材料。

(4)符合通用标准规定的材料。

(5)申请甲级测绘资质的,应当提供符合专业标准规定的测绘业绩材料。

2. 申请测绘资质变更

测绘单位变更测绘资质等级或者专业类别的,应当按照新版办法规定的审批权限和程序重新申请办理测绘资质审批。

测绘单位名称、注册地址、法定代表人发生变更的,应当向审批机关提交有关部门的核准材料,申请换发新的测绘资质证书。

10.1.6　测绘资质审批程序

1. 申请与受理

根据《测绘资质管理办法》,对于申请材料齐全并符合法定形式的单位,审批机关应当决定受理并出具受理通知书;申请材料不齐全或者不符合法定形式的,应当当场或者在5个工作日内一次告知申请单位需要补正的全部内容,逾期不告知的,自收到申请材料之日起即为受理;申请事项依法不属于本审批机关职责范围的,应当即时作出不予受理的决定,并告知申请单位向有关审批机关申请。

2. 审查与决定

测绘资质审批机关应当自受理申请之日起15个工作日内作出是否批准测绘资质的书面决定。

3. 颁发测绘资质证书

(1)审批机关作出批准测绘资质决定的,应当自作出决定之日起10个工作日内,向申请单位颁发测绘资质证书。

(2)审批机关作出不予批准测绘资质决定的,应当说明理由,并告知申请单位享有依法申请行政复议或者提起行政诉讼的权利。

(3)测绘资质证书有效期5年。测绘资质证书包括纸质证书和电子证书,均具有同等法律效力。测绘资质证书有效期满需要延续的,测绘单位应当在有效期届满30日前,向审批机关申请办理延续手续。

4. 资质变更

(1)测绘单位变更测绘资质等级或者专业类别的,应当按照审批权限和程序重新申请办理测绘资质审批。

(2)测绘单位名称、注册地址、法定代表人发生变更的,应当向审批机关提交有关部门的核准材料,申请换发新的测绘资质证书。

10.1.7　测绘资质管理的法律责任

《测绘法》第五十五条规定,违反本法规定,未取得测绘资质证书,擅自从事测绘活动的,责令停止违法行为,没收违法所得和测绘成果,并处测绘约定报酬一倍以上二倍以下的罚款;情节严重的,没收测绘工具。以欺骗手段取得测绘资质证书从事测绘活动的,吊销测绘资质证书,没收违法所得和测绘成果,并处测绘约定报酬一倍以上二倍以下的罚款;情节严重的,没收测绘工具。

《测绘资质管理办法》第二十四条规定,违反本办法规定,未取得测绘资质证书,擅自从事测绘活动的,以欺骗手段取得测绘资质证书从事测绘活动的,依照《中华人民共和国测绘法》

第五十五条规定予以处罚。

子项目2　测绘执业资格管理

《测绘法》第三十条规定，从事测绘活动的专业技术人员应当具备相应的执业资格条件。具体办法由国务院测绘地理信息主管部门会同国务院人力资源社会保障主管部门规定。这一条款确定了我国实行对测绘专业技术人员的执业资格管理制度。

10.2.1　测绘执业资格的概念特征

1. 执业资格的概念和特征

执业资格是国家规定对专业技术人员从事某种责任较大、社会通用性强、关系公共利益的专业技术工作实行的准入控制，是针对关系国家、社会和公众的财产、生命、安全等执业责任重大的专业实行的一种以法律规定为依据的强制性行业资格准入的控制手段。

从这个概念上讲，具备以下几个特征：

(1)执业资格实行专业准入控制，并非任何人都可具有的。

(2)执业资格是行政许可，必须经过政府有关部门审批，否则无法取得。

(3)执业资格具有特定对象，并非所有专业都被纳入执业资格限制，仅针对特定专业。

(4)取得执业资格的人的学识、技术和能力必须达到一定标准。

2. 测绘执业资格的特征

测绘执业资格是指从事测绘活动的自然人应当具备的知识、技术水平和能力等。其特征包括：

(1)测绘执业资格的主体是个人。

(2)测绘执业资格隶属国家职业资格体系。测绘成果质量关系国家安全和公共利益，基础地理信息属于国家战略性资源，为经济社会发展和政府部门提供广泛服务，测绘专业技术人员责任重大，因此测绘实行职业资格制度。

(3)测绘执业资格的对象是测绘专业技术人员。从事测绘活动的人员中，可分为专业技术人员、技术工作和辅助人员等，这些人员有着明确的分工和责任。其中责任最大的是专业技术人员，对专业技术人员在学识、技术和能力方面的要求远高于其他人员，因此，测绘执业资格的对象是测绘专业技术人员。

10.2.2　测绘执业资格管理制度

1. 测绘执业资格管理的概念

测绘执业资格管理是指国家对测绘执业资格作出具体规定，包括组织从事测绘活动的测绘专业技术人员进行测绘执业资格考试、发放测绘执业证书、进行审验注册、依法查处非法测绘活动等。

2. 测绘执业资格管理的特征

(1)测绘执业资格管理是一项法定的制度。《测绘法》规定，从事测绘活动的专业技术人员应当具备相应的执业资格条件，具体办法由国务院测绘地理信息主管部门会同国务院人力资源社会保障主管部门规定。这项规定包括了以下含义：一是国家实行测绘执业资格管理制度；

二是从事测绘活动的测绘专业技术人员必须具备执业资格条件；三是国家要制定测绘执业资格的管理办法；四是国务院人力资源社会保障主管部门和国务院测绘地理信息主管部门承担相应测绘执业资格管理责任。

(2)测绘执业资格管理制度是一种行政许可制度。从事测绘活动的个人只有按照国家有关规定，经过法定的程序，才能获得从事测绘活动的权利和资格。根据我国现行的行政管理体制，全国各行业的执业资格是在国务院人力资源社会保障部门的指导下，由行业主管部门负责管理本行业的执业资格。

3. 测绘执业资格管理的法律规定

《测绘法》规定的执业资格管理制度包括以下内容。

(1)在法律上确定测绘执业资格制度。从事测绘活动的专业技术人员应当具备相应的执业资格条件。这项法律制度包括以下几个特点：一是规范的主体是从事测绘活动的专业技术人员；二是规范的内容是执业资格；三是从事测绘活动的专业技术人员必须具备所从事的测绘活动的条件。

(2)在法律上确定测绘执业资格的管理制度。执业资格管理的具体办法由国务院测绘地理信息主管部门会同国务院人力资源社会保障主管部门规定。这项法律规定的特点：一是要求制定执业资格管理的具体办法；二是授权国务院测绘地理信息主管部门会同国务院人力资源社会保障主管部门制定测绘执业资格具体管理办法。

(3)规范测绘执业证书式样。测绘专业技术人员的执业证书的式样由国务院测绘地理信息主管部门统一规定。这项法律规定的特点：一是测绘执业证书的式样要全国统一，并在全国通行使用，不允许存在多种式样的测绘执业证书；二是进一步确定了测绘地理信息主管部门对测绘执业资格的管理权限，将规定全国统一的测绘执业证书的式样授权给国务院测绘地理信息主管部门。进一步引申法律的含义，测绘执业证书应当由国务院测绘地理信息主管部门组织发放。

(4)规定对未取得测绘执业资格，擅自从事测绘活动的法律责任。《测绘法》第五十九条规定，未取得测绘执业资格，擅自从事测绘活动的，责令停止违法行为，没收违法所得和测绘成果，对其所在单位可以处违法所得二倍以下的罚款；情节严重的，没收测绘工具；造成损失的，依法承担赔偿责任。

子项目 3 测绘作业证

测绘作业证是由测绘地理信息主管部门颁发的，用来表明野外测绘作业人员身份的一种凭证。根据《测绘法》，测绘人员进行测绘活动时，应当持有测绘作业证件。为规范测绘作业证使用，加强对测绘作业证的监督管理，国家测绘局于 2004 年 4 月 19 日发布了《关于印发〈测绘作业证管理规定〉的通知》(国测法字〔2004〕5 号)，明确了测绘作业证的发放范围、管理权限和基本要求。

测绘作业证具有以下几个特征：

(1)测绘作业证是测绘人员从事测绘活动的合法身份证明，需要具备一定的条件才能获得。

(2)测绘作业证为测绘人员提供权利保障，也有利于保护与测绘活动发生关系的单位和个人的合法权益。

(3)从事测绘活动是测绘人员的义务,同时也可以防止非法测绘活动。

(4)为持有测绘作业证件从事测绘活动的测绘人员提供便利是与测绘活动发生关系的单位和个人的义务。

(5)测绘作业证的效力是有限的。

10.3.1 测绘作业证取得

1. 申请

测绘单位申领测绘作业证,应当向所在地的省级测绘地理信息主管部门或者其委托的市级人民政府测绘地理信息主管部门提出办证申请。

2. 申请测绘作业证的范围

(1)取得测绘资质证书的单位的人员。

(2)从事野外测绘作业的人员。

(3)需要领取测绘作业证的其他人员。

3. 申请材料

(1)测绘作业证申请表。

(2)测绘作业证申请汇总表。

(3)申请人1寸彩色照片1张。

10.3.2 测绘作业证使用

1. 测绘人员应当主动出示测绘作业证的情况

(1)进入机关、企业、住宅小区、耕地或者其他地块进行测绘时。

(2)使用测量标志时,应当持有测绘作业证件。

(3)接受测绘地理信息主管部门执法监督检查时。

(4)办理与所从事的测绘活动相关的其他事项时。

2. 测绘作业证使用规定

(1)测绘人员进行测绘活动时,应当遵守国家法律法规,保守国家秘密,遵守职业道德,不得损毁国家、集体和他人的财产。测绘人员必须依法使用测绘作业证,不得利用测绘作业证从事与其测绘工作身份无关的活动。

(2)测绘人员对测绘作业证应当妥善保存,防止遗失,不得损毁,不得涂改。测绘作业证只限持证人本人使用,不得转借他人。测绘人员遗失测绘作业证,应当立即向本单位报告并说明情况,所在单位应当及时向发证机关书面报告情况。

(3)测绘人员离(退)休或调离工作单位的,必须由原所在测绘单位收回测绘作业证,并及时上交发证机关。测绘人员调往其他测绘单位的,由新调入单位重新申领测绘作业证。

3. 测绘作业证注册

测绘作业证注册是指测绘地理信息主管部门对测绘作业证的使用、持有、完整状况进行验证,并标示合格标识的行为。

根据《测绘作业证管理规定》,测绘作业证由省级人民政府测绘地理信息主管部门或者其委托的市级人民政府测绘地理信息主管部门负责注册核准。每次注册核准有效期为3年。注册核准有效期满前30日内，各测绘单位应当将测绘作业证送交单位所在地的省级人民政府测绘地理信息主管部门或者其委托的市级人民政府测绘地理信息主管部门进行注册核准。过期不注册核准的测绘作业证无效。

10.3.3　测绘作业证监督管理

1. 测绘作业证的管理职责

国家测绘地理信息主管部门负责测绘作业证的统一监督管理工作，负责规定测绘作业证的式样；省、自治区、直辖市人民政府测绘地理信息主管部门负责本行政区域内测绘作业证的审核、发放和监督管理工作；设区的市（地）、县（市）测绘地理信息主管部门负责本行政区域内测绘作业证的受理、审核、发放和年度注册核准以及日常的监督管理工作。

2. 测绘作业证的法律责任

根据《测绘作业证管理规定》，测绘人员违反测绘作业证管理的有关规定，由所在单位收回其测绘作业证并及时交回发证机关，对情节严重者依法给予行政处分；构成犯罪的，依法追究刑事责任。

测绘人员违反测绘作业证管理规定的行为，主要包括以下内容：

（1）将测绘作业证转借他人的。

（2）擅自涂改测绘作业证的。

（3）利用测绘作业证严重违反工作纪律、职业道德或损害国家、集体或者他人利益的。

（4）利用测绘作业证进行欺诈及其他违法活动的。

练习与思考题

一、单项选择题

1.（　　）是为实施《测绘法》规定的测绘资质管理制度而制定，于2021年6月7日由自然资源部印发，于2021年7月1日起施行。

A.《测绘资质管理办法》　　B.《测绘资质分类分级标准》

C.《测绘作业证管理规定》　　D.《注册测绘师制度暂行规定》

2. 根据《测绘作业证管理规定》，测绘人员遗失测绘作业证，应当立即向（　　）报告并说明。

A. 所在单位　　B. 所在地测绘地理信息主管部门

C. 省级以上测绘地理信息主管部门　　D. 发证机关

二、填空题

1. 根据新版《测绘资质管理办法》，测绘资质共分为（　　）、（　　）两个等级。

2. 根据新版《测绘资质分类分级标准》，测绘资质专业类别共有（　　）个。

三、问答题

1. 什么是测绘资质？

2. 测绘资质的专业范围包括哪些？

3. 何为执业资格？

4. 测绘作业证的使用范围包括哪些？

项目十一　测绘基准与测绘系统

[概述]

本项目主要介绍测绘基准、测绘系统及测量标志的基本知识，阐述了我国目前采用的测绘基准、测绘系统的特征，以及对测绘基准、测绘系统及测量标志管理的职责。

[学习目标]

①掌握测绘基准、测绘系统及测量标志的基本概念及特征；②掌握正确使用测绘基准和测绘系统，以及正确使用和保护测量标志的技能。

子项目 1　测绘基准

11.1.1　测绘基准的概念和特征

1. 测绘基准的概念

测绘基准指一个国家整个测绘的起算依据和各种测绘系统的基础。测绘基准包括所选用的各种大地测量参数、统一的起算面、起算基准点、起算方位以及有关的地点、设施和名称等。

我国目前采用的测绘基准主要包括大地基准、高程基准、重力基准和深度基准。

1)大地基准

大地基准是建立大地坐标系统和测量空间点点位大地坐标的基本依据。新中国成立以来，我国先后建立了 1954 北京坐标系、1980 西安坐标系，这些坐标系均为参心坐标系。20 世纪 80 至 90 年代以来，随着空间技术的兴起和发展，地心坐标系的应用日益流行。经国务院批准，2008 年 7 月 1 日我国正式启用 2000 国家大地坐标系。

2)高程基准

高程基准是建立高程系统和测量空间点高程的基本依据。我国先后使用了 1956 黄海平均海面和 1985 国家高程基准。我国目前采用的高程基准为 1985 国家高程基准。

3)重力基准

重力基准是建立重力测量系统和测量空间点重力值的基本依据。我国先后使用了 1957 国家重力基准网、1985 国家重力基准网和 2000 国家重力基准网。我国目前采用的重力基准为 2000 国家重力基准网。

4)深度基准

深度基准是测量海洋深度和海图水深的基本依据。我国目前采用的深度基准因海区不同而有所不同。我国海区从 1956 年采用理论最低潮面(即理论深度基准面)作为深度基准。内河、湖泊采用最低水位、平均低水位或设计水位作为深度基准。

2. 测绘基准的特征

1)科学性

任何测绘基准都是依靠严密的科学理论、科学手段和方法经过严密的演算和施测建立起来的，其形成的数学基础和物理结构都必须符合科学理论和方法的要求，从而使测绘基准具有科学性特点。

2）统一性

为保证测绘成果的科学性、系统性和可靠性，满足科学研究、经济建设和国防建设的需要，一个国家和地区的测绘基准必须是严格统一的。测绘基准不统一，不仅使测绘成果不具有可比性和衔接性，也会给国家安全和城市建设以及社会管理带来不良的后果。

3）法定性

测绘基准由国家最高行政机关国务院批准，测绘基准数据由国务院测绘地理信息主管部门负责审核，测绘基准的设立必须符合国家的有关规范和要求，使用国家规定的测绘基准，从而使测绘基准具有法定性特征。

4）稳定性

测绘基准是一切测绘活动和测绘成果的基础和依据，测绘基准一经建立，便具有相对稳定性，在一定时期内不能轻易改变。

11.1.2　测绘基准管理

1. 测绘基准管理职责

从事测绘活动应当使用国家规定的测绘基准和测绘系统，执行国家规定的测绘技术规范和标准。基准数据由国务院测绘地理信息主管部门审核，并与国务院其他有关部门、军队测绘部门会商后，报国务院批准。

具体规范和要求由国务院测绘地理信息主管部门会同国务院其他有关部门、军队测绘部门制定。

2.《测绘法》对测绘基准的规定

1）国家规定测绘基准

测绘基准是国家整个测绘工作的基础和起算依据。为保证国家测绘成果的整体性、系统性和科学性，实现测绘成果起算依据的统一，保障测绘事业为国家经济建设、国防建设和社会发展服务，《测绘法》明确规定从事测绘活动，应当使用国家规定的测绘基准和测绘系统，执行国家规定的测绘技术规范和标准。

国家对测绘基准的规定是非常严格的。一方面，体现在测绘基准的数据由国务院测绘地理信息主管部门审核后，还必须与国务院其他有关部门、军队测绘部门进行会商，充分听取相关部门的意见。另一方面，测绘基准的数据经相关部门审核后，必须经过国务院批准后才能实施，各项测绘基准数据经国务院批准后，便成为所有测绘活动的起算依据。

2）国家要求使用统一的测绘基准

《测绘法》规定，从事测绘活动应当使用国家规定的测绘基准和测绘系统。从事测绘活动使用国家规定的测绘基准是从事测绘活动的基本技术原则和前提，不使用国家规定的测绘基准，要依法承担相应的法律责任。2009 年 5 月 12 日国务院颁布的《基础测绘条例》规定，实施基础测绘项目，不使用全国统一的测绘基准和测绘系统或者不执行国家规定的测绘技术规范和标准的，责令限期改正，给予警告，可以并处 10 万元以下罚款；对负有直接责任的主管人员和其他直接责任人员，依法给予处分。

3. 建立统一的卫星导航定位基准服务系统

(1)国务院测绘地理信息主管部门和省、自治区、直辖市人民政府测绘地理信息主管部门应当会同本级人民政府其他有关部门，按照统筹建设、资源共享的原则，建立统一的卫星导航定位基准服务系统，提供导航定位基准信息公共服务。

(2)建设卫星导航定位基准站的，建设单位应当按照国家有关规定报国务院测绘地理信息主管部门或者省、自治区、直辖市人民政府测绘地理信息主管部门备案。国务院测绘地理信息主管部门应当汇总全国卫星导航定位基准站建设备案情况，并定期向军队测绘部门通报。

(3)卫星导航定位基准站的建设和运行维护应当符合国家标准和要求，不得危害国家安全。

(4)卫星导航定位基准站的建设和运行维护单位应当建立数据安全保障制度，并遵守保密法律、行政法规的规定。

(5)县级以上人民政府测绘地理信息主管部门应当会同本级人民政府其他有关部门，加强对卫星导航定位基准站建设和运行维护的规范和指导。

4. 法律责任

(1)实施基础测绘项目不使用全国统一的测绘基准和测绘系统或者不执行国家规定的测绘技术规范和标准的，责令限期改正，给予警告，可以并处10万元以下罚款；对负有直接责任的主管人员和其他直接责任人员，依法给予处分。

(2)卫星导航定位基准站建设单位未报备案的，给予警告，责令限期改正；逾期不改正的，处10万元以上30万元以下罚款；对直接负责的主管人员和其他直接责任人员，依法给予处分。

(3)卫星导航定位基准站的建设和运行维护不符合国家标准、要求的，给予警告，责令限期改正，没收违法所得和测绘成果，并处30万元以上50万元以下罚款；逾期不改正的，没收相关设备；对直接负责的主管人员和其他直接责任人员，依法给予处分；构成犯罪的，依法追究刑事责任。

子项目2 测绘系统

11.2.1 测绘系统的概念

测绘系统是指由测绘基准延伸，在一定范围内布设的各种测量控制网，是各类测绘成果的依据，包括大地坐标系统、平面坐标系统、高程系统、地心坐标系统和重力测量系统。

国家确定国家大地测量的等级和精度，以及国家基本比例尺地图的系列和基本精度。测绘系统具有科学性、统一性、法定性、规模性、稳定性等特点。

1. 大地坐标系统

大地坐标系统是用来表述地球点的位置的一种地球坐标系统。它采用一个接近地球形状的椭球作为点的位置及其相互关系的数学基础，大地坐标系统的三个坐标是大地经度、大地纬度、大地高。我国先后采用的1954北京坐标系、1980西安坐标系和2000国家大地坐标系，是我国在不同时期采用的大地坐标系统。

2. 平面坐标系统

平面坐标系统是指为确定地面点的平面位置所采用的一种坐标系统。大地坐标系统是建立在椭球面上的，而绘制的地图则是在平面上的。因此，必须通过地图投影把椭球面上的点的大地坐标科学地转换成平面上的平面坐标。平面坐标用平面上两轴相交成直角的坐标系内的纵、横坐标表示。我国陆地上的国家统一的平面坐标系统采用高斯-克吕格平面直角坐标系。它是利用高斯-克吕格投影将不可平展的地球椭球面转换成平面而建立的一种平面直角坐标系。

3. 高程系统

高程系统是用以传递全国高程测量控制网中各点高程所采用的统一系统。我国规定采用的高程系统是正常高系统，高程起算依据是 1985 国家高程基准。

4. 地心坐标系统

地心坐标系统是坐标原点与地球质心重合的大地坐标系统或空间直角坐标系统。我国目前采用的 2000 国家大地坐标系是全球地心坐标系在我国的具体体现，其原点为包括海洋和大气的整个地球的质量中心。

国务院测绘地理信息主管部门在 2008 年发布的第 2 号公告中指出，“2000 国家大地坐标系与现行国家大地坐标系转换、衔接的过渡期为 8～10 年。现有各类测绘成果，在过渡期内可沿用现行国家大地坐标系；2008 年 7 月 1 日后新生产的各类测绘成果应采用 2000 国家大地坐标系”。

5. 重力测量系统

重力测量系统是指重力测量施测与计算所依据的重力测量基准和计算重力异常所采用的正常重力公式的总称。我国曾先后采用的 1957 国家重力基准网、1985 国家重力基准网和 2000 国家重力基准网，为我国在不同时期的重力测量系统。

11.2.2　测绘系统管理

《测绘法》对测绘系统管理进行了明确的规定，并明确了严格的测绘法律责任。

1. 测绘系统管理的基本法律规定

(1)从事测绘活动，应当使用国家规定的测绘基准和测绘系统，执行国家规定的测绘技术规范和标准。《测绘法》第五条对此作出了具体规定。

(2)国家建立全国统一的大地坐标系统、平面坐标系统、高程系统、地心坐标系统和重力测量系统，确定国家大地测量等级和精度，以及国家基本比例尺地图的系列和基本精度。具体规范和要求由国务院测绘地理信息主管部门会同国务院其他有关部门、军队测绘部门制定。

(3)因建设、城市规划和科学研究的需要，国务院确定的大城市和国家重大工程项目确需建立相对独立的平面坐标系统的，由国务院测绘地理信息主管部门批准；其他确需建立相对独立的平面坐标系统的，由省、自治区、直辖市人民政府测绘地理信息主管部门批准。建立相对独立的平面坐标系统，应当与国家坐标系统相联系。

2. 测绘系统管理的职责

1)国务院测绘地理信息主管部门的职责

(1)负责建立全国统一的大地坐标系统、平面坐标系统、高程系统、地心坐标系统和重力测量系统，确定国家大地测量等级和精度以及国家基本比例尺地图的系列和基本精度。

具体规范和要求由国务院测绘地理信息主管部门会同国务院其他有关部门、军队测绘部门制定。

(2)负责因建设、城市规划和科学研究的需要,国务院确定的大城市和国家重大工程项目确需建立独立的平面坐标系统的审批。

(3)负责全国测绘系统的维护和统一监督管理。

2)省级测绘地理信息主管部门的职责

(1)建立本省行政区域内与国家测绘系统相统一的大地控制网和高程控制网。

(2)负责因建设、城市规划和科学研究的需要,除国务院确定的大城市和国家重大工程项目以外确实需要建立相对独立的平面坐标系统的审批。

(3)负责本省行政区域内全国统一的测绘系统的维护和统一监督管理。

3)市、县级测绘地理信息主管部门的职责

按照现行测绘法律法规的规定,市、县级测绘地理信息主管部门的职责主要包括:

(1)建立本行政区域内与国家测绘系统相统一的大地控制网和高程控制网的加密网。

(2)负责测绘系统的维护和统一监督管理。

11.2.3 相对独立的平面坐标系统管理

1. 相对独立的平面坐标系统的概念

相对独立的平面坐标系统,是指为满足在局部地区进行大比例尺测图和工程测量的需要,以任意点和方向起算建立的平面坐标系统或者在全国统一的坐标系统基础上,进行中央子午线投影变换以及平移、旋转等而建立的平面坐标系统。相对独立的平面坐标系统是一种非国家统一的,但与国家统一坐标系统相联系的平面坐标系统。这种独立的平面坐标系统通过与国家坐标系统之间的联测,确定两种坐标系统之间的数学转换关系。

2. 建立相对独立的平面坐标系统的原则

建立相对独立的平面坐标系统的,必须坚持以下原则:

(1)必须是因建设、城市规划和科学研究的需要。如果不是因满足建设、城市规划和科学研究的需要,必须按照国家规定采用全国统一的测绘系统。

(2)确实需要建立。建立相对独立的平面坐标系统必须有明确的目的和理由,如不建设就会对工程建设、城市规划等造成严重影响的。

(3)必须经过批准。未按照规定程序经省级以上测绘地理信息主管部门批准,任何单位都不得建立相对独立的平面坐标系统。

(4)应当与国家坐标系统相联系。建立相对独立的平面坐标系统必须与国家统一的测量控制网点进行联测,建立与国家坐标系统之间的联系。

3. 建立相对独立的平面坐标系统的审批

建立相对独立的平面坐标系统审批,是一项有数量限制的行政许可。为保障城市建设的顺利进行,保持测绘成果的连续性、稳定性和系统性,维护国家安全和地区稳定,一个城市只能建设一个相对独立的平面坐标系统。为加强对建立相对独立的平面坐标系统的管理,国务院测绘地理信息主管部门 2006 年颁布了《建立相对独立的平面坐标系统管理办法》,对建立相对独立的平面坐标系统的审批权限进行了详细规定。

1)国务院测绘地理信息主管部门的审批职责范围

(1)50万人口以上的城市。

(2)列入国家计划的国家重大工程项目。

(3)其他确需国务院测绘地理信息主管部门审批的。

2)省级测绘地理信息主管部门的审批职责范围

(1)50万人口以下的城市。

(2)列入省级计划的大型工程项目。

(3)其他确需省级测绘地理信息主管部门审批的。

3)申请建立相对独立的平面坐标系统应提交的材料

(1)建立相对独立的平面坐标系统申请书。

(2)该工程项目的申请人的有效身份证明。

(3)立项批准文件。

(4)能够反映建设单位测绘成果及资料档案管理设施和制度的证明文件。

(5)建立城市相对独立的平面坐标系统的,应当提供该市人民政府同意建立的文件(原件)。

4)不予批准的情形

依据《建立相对独立的平面坐标系统管理办法》的规定,有以下情况之一的,对建立相对独立的平面坐标系统的申请不予批准:

(1)申请材料内容虚假的。

(2)国家坐标系统能够满足需要的。

(3)已依法建有相关的相对独立的平面坐标系统的。

(4)测绘地理信息主管部门依法认定的应当不予批准的其他情形。

4. 建立相对独立的平面坐标系统的法律责任

《测绘法》规定,未经批准擅自建立相对独立的平面坐标系统,或者采用不符合国家标准的基础地理信息数据建立地理信息系统的,给予警告,责令改正,可以并处50万元以下的罚款;对直接负责的主管人员和其他直接责任人员,依法给予处分。

我国已经建立了全国统一的测绘基准和测绘系统,并不断完善和精细化,其中包括天文大地网、平面控制网、高程控制网、重力控制网等,为不同时期的国家经济建设、国防建设、科学研究和社会发展提供了有力的基准保障。近年来,国家十分重视测绘和测绘系统建设,不断加大对测绘基准和测绘系统建设的投入力度,加强国家现代测绘基准体系基础设施建设,积极开展现代测绘基准体系建设关键技术研究,现代测绘基准体系建设取得了重要进展,逐步使我国的测绘基准和测绘系统建设处于世界领先行列。

子项目3　测量标志

测量标志是国家重要的基础设施,是国家经济建设、国防建设、科学研究和社会发展的重要基础。长期以来,国家在我国陆地和海洋边界内布设了大量用于标定测量控制点空间地理位置的永久性测量标志,包括各等级的三角点、基线点、导线点、军用控制点、重力点、天文点、水准点和卫星定位点的觇标和标石标志,以及用于地形测量、工程测量和形变测量的固定标志和海底大地点设施等，这些标志在我国各个时期的国民经济建设和国防建设中都发挥了巨大的作用。

11.3.1 测量标志的概念

测量标志是指在陆地和海洋标定测量控制点位置的标石、觇标以及其他标记的总称。

标石一般是指埋设于地下一定深度，用于测量和标定不同类型控制点的地理坐标、高程、重力、方位、长度等要素的固定标志；觇标是指建在地面上或者建筑物顶部的测量专用标架，作为观测照准目标和提升仪器高度的基础设施。

根据使用用途和时间期限，测量标志可分为永久性测量标志和临时性测量标志两种。

永久性测量标志是指设有固定标志物以供测量标志使用单位长期使用的，需要永久保存的测量标志，包括国家各等级的三角点、基线点、导线点、军用控制点、重力点、天文点、水准点和卫星定位点的木质觇标、钢质觇标和标石标志，以及用于地形测量、工程测量和形变测量等的固定标志和海底大地点设施等。

临时性测量标志是指测绘单位在测量过程中临时设立和使用的，不需要长期保存的标志和标记。测站点的木柱、活动觇标、测旗、测杆、航空摄影的地面标志、描绘在地面或者建筑物上的标记等，都属于临时性测量标志。

11.3.2 测量标志管理体制

国家对测量标志的保护和管理历来都十分重视。1955 年 12 月 29 日，周恩来总理签署了《关于长期保护测量标志的命令》。1981 年 9 月 12 日，国务院和中央军委联合发布了《关于长期保护测量标志的通告》。1984 年 1 月 7 日，国务院公布了《测量标志保护条例》。1992 年 12 月 28 日，第七届全国人民代表大会常务委员会第二十九次会议审议通过了我国第一部《测绘法》，对测量标志保护的基本原则和要求进行了规定。1996 年 9 月 4 日，国务院重新修订发布了《中华人民共和国测量标志保护条例》(简称“《测量标志保护条例》”)，2011 年 1 月 8 日国务院修改了《测量标志保护条例》的部分条款，使测量标志保护制度进一步得到完善。2002 年 8 月 29 日，第九届全国人民代表大会常务委员会重新修订出台的《测绘法》建立了统一监督管理的测绘行政管理体制，2017 年 4 月 27 日，第十二届全国人民代表大会常务委员会第二十七次会议第二次修订了《测绘法》，进一步强化了测量标志管理职责。

1. 各级人民政府

(1)加强对测量标志保护工作的领导，采取有效措施加强测量标志保护工作，增强公民依法保护测量标志的意识。

(2)对在保护永久性测量标志工作中做出显著成绩的单位和个人，给予奖励。

2. 国务院测绘地理信息主管部门

(1)研究制定有关测量标志保护的行政法规(草案)、规章和相关政策，制定测量标志有偿使用的具体办法。

(2)组织制定全国测量标志保护规划和普查、维修年度计划。

(3)组织测量标志保护法律、法规的宣传，提高全民的测量标志保护意识。

(4)负责国家一、二等永久性测量标志的拆迁审批。

(5)检查、维护国家一、二等永久性测量标志。

(6)依法查处损毁测量标志的违法行为。

3. 县级以上人民政府测绘地理信息主管部门

(1)组织贯彻实施有关测量标志保护的法律、法规和规章。

(2)参与制定或者制定测量标志保护的地方性法规、规章和规范性文件。

(3)负责国家和本行政区域统一设置的四等以上三角点、水准点和D级以上全球卫星定位控制点的测量标志的迁建审批工作。

(4)制定本行政区域测量标志普查和维修年度计划及定期普查维护制度。

(5)组织建立永久性测量标志档案。

(6)组织实施永久性测量标志的检查、维护和管理工作。

(7)查处永久性测量标志违法案件。

4. 乡级人民政府

《测绘法》规定乡级人民政府应当做好本行政区域内的测量标志保护工作。主要体现在以下几个方面：

(1)宣传贯彻实施测量标志保护的法律、法规、规章和测量标志保护政策。

(2)确定永久性测量标志的保管单位或者人员，并对其保管责任的落实情况进行监督检查。

(3)根据测绘地理信息主管部门委托，办理永久性测量标志委托保管手续。

(4)负责永久性测量标志的日常检查，制止损毁永久性测量标志的行为，并定期向当地测绘地理信息主管部门报告测量标志保护情况。

11.3.3　测量标志建设

测量标志建设，是指测绘单位或者工程项目建设单位为满足测绘工作的需要而建造设立固定标志的活动。关于测量标志建设，《测绘法》和《测量标志保护条例》都有明确的规定，主要体现在以下几个方面：

(1)使用国家规定的测绘基准和测绘标准。

(2)选择有利于测量标志长期保护和管理的点位。

(3)设置永久性测量标志的，应当对永久性测量标志设立明显标记；设置基础性测量标志的，还应当设立由国务院测绘地理信息主管部门统一监制的专门标牌。

(4)设置永久性测量标志，需要依法使用土地或者在建筑物上建设永久性测量标志的，有关单位和个人不得干扰和阻挠。建设永久性测量标志需要占用土地的，地面标志占用土地的范围为36～100 m^2，地下标志占用土地的范围为16～36 m^2。

(5)国家对测量标志实行义务保管制度。

(6)符合法律、法规规定的其他要求。

11.3.4　测量标志保管与维护

1. 测量标志保管

1)设立明显标记

永久性测量标志是建立在地面或者地下的固定标志。为了防止永久性测量标志遭到破坏，必须设立明显的标记，使人们能够很方便地识别测量标志，进而达到保护的目的。《测绘法》第四十二条规定，永久性测量标志的建设单位应当对永久性测量标志设立明显标记，并委托当地有关单位指派专人负责保管。

2)实行义务保管制度

国家对测量标志实行义务保管制度。设置永久性测量标志的部门应当将永久性测量标志委托测量标志设置地的有关单位或者人员负责保管，签订测量标志委托保管书，明确委托方和被委托方的权利和义务，并由委托方将委托保管书抄送乡级人民政府和县级以上地方人民政府管理测绘工作的部门备案。测量标志保管人员的职责，主要包括：

(1)经常检查测量标志的使用情况，查验永久性测量标志使用后的完好状况。

(2)发现永久性测量标志有移动或者损毁的情况，及时向当地乡级人民政府报告。

(3)制止、检举和控告移动、损毁、盗窃永久性测量标志的行为。

(4)查询使用永久性测量标志的测绘人员的有关情况。

3)工程建设要避开永久性测量标志

进行工程建设，应当避开永久性测量标志；确实无法避开，需要拆迁永久性测量标志或者使永久性测量标志失去使用效能的，工程建设单位应当履行报批手续。

4)拆迁永久性测量标志要经过批准，并支付拆迁费用

拆迁永久性测量标志或者使永久性测量标志失去效能的，应当履行下列手续：

(1)拆迁基础性测量标志或者使基础性测量标志失去使用效能的，由国务院测绘地理信息主管部门或者省、自治区、直辖市人民政府管理测绘工作的部门批准。

(2)拆迁部门专用的永久性测量标志或者使部门专用的永久性测量标志失去使用效能的，应当经设置测量标志的部门同意，并经省、自治区、直辖市人民政府管理测绘工作的部门批准。

(3)所需迁建费用由工程建设单位承担，以用于永久性测量标志的恢复重建。

2. 测量标志拆迁审批职责

1)国务院测绘地理信息主管部门拆迁审批职责

(1)国家一、二等三角点(含同等级的大地点)、水准点(含同等级的水准点)。

(2)国家天文点、重力点(包括地壳形变监测点等具有物理因素的点)，GPS点(B级以上)。

(3)国家明确规定需要重点保护的其他永久性测量标志等。

2)县级以上人民政府测绘地理信息主管部门拆迁审批职责

(1)国家三、四等三角点(含同等级的大地点)、水准点(含同等级的水准点)。

(2)县级以上人民政府测绘地理信息主管部门建立的不同等级的三角点、水准点、GPS点等。

(3)县级以上人民政府测绘地理信息主管部门明确需要重点保护的其他永久性测量标志。

3. 测量标志维护

测量标志维护是指测绘地理信息主管部门或者测量标志建设单位采用物理加固、设立警示牌等手段确保测量标志完好、能够正常使用的活动。测量标志维护是各级测绘地理信息主管部门的一项重要职责。

1)开展测量标志普查

测量标志维护要在准确掌握测量标志完好状况的前提下进行。各级测绘地理信息主管部门通过开展测量标志普查，及时了解测量标志损毁程度和分布区域及特点，做到心中有数，为科学编制测量标志维修规划打下基础。开展测量标志普查工作是做好测量标志维护的基础。

2)制定测量标志维修规划和计划

《测量标志保护条例》第十七条规定，测量标志保护工作应当执行维修规划和计划；全国测量标志维修规划，由国务院测绘地理信息主管部门会同国务院其他有关部门制定；省、自治区、直辖市人民政府管理测绘工作的部门应当组织同级有关部门，根据全国测量标志维修规划，制定本行政区域内的测量标志维修计划，并组织协调有关部门和单位统一实施。制定测量标志维修规划和计划是测量标志有序维护的重要保障，对于科学维护、分类管理、强化责任，具有十分重要的意义。

3)按照测量标志维修规程进行维修

《测量标志保护条例》第十八条规定，设置永久性测量标志的部门应当按照国家有关的测量标志维修规程，对永久性测量标志定期组织维修，保证测量标志正常使用。按照测量标志维修规程，通过筑设加固井、设立防护墙、加设警示牌等方式，修复或者维护测量标志，从而保证测量标志能够正常使用。

11.3.5　测量标志的使用

1. 测量标志使用的基本规定

测量标志使用是指测绘单位在测绘活动中使用测量标志测定地面点空间地理位置的活动。我国现行《测绘法》《测量标志保护条例》对测绘人员使用永久性测量标志的法律规定主要包括以下内容：

(1)测绘人员使用永久性测量标志，应当持有测绘作业证件，接受县级以上人民政府管理测绘工作的部门的监督和负责保管测量标志的单位和人员的查询，并按照操作规程进行测绘，保证测量标志完好。

(2)国家对测量标志实行有偿使用，但是使用测量标志从事军事测绘任务的除外。测量标志有偿使用的收入应当用于测量标志的维护、维修，不得挪作他用。

2. 测绘人员的义务

(1)测绘人员使用永久性测量标志，必须持有测绘作业证件，并保证测量标志的完好。

(2)测绘人员根据测绘项目开展情况建立永久性测量标志，应当按照国家有关的技术规定执行，并设立明显的标记。

(3)接受县级以上测绘地理信息主管部门的监督和测量标志保管人员的查询。

(4)依法缴纳测绘基础设施使用费。

(5)积极宣传测量标志保护的法律、法规和相关政策。

11.3.6　法律责任

《测绘法》及《测量标志保护条例》对违反测量标志保护法律、行政法规的行为，设定了严格的法律责任。有下列行为之一的，给予警告，责令改正，可以并处20万元以下的罚款；对直接负责的主管人员和其他直接责任人员，依法给予处分；造成损失的，依法承担赔偿责任；构成犯罪的，依法追究刑事责任。这些行为主要包括以下几方面：

(1)损毁或者擅自移动永久性测量标志和使用中的临时性测量标志的。

(2)侵占永久性测量标志用地的。

(3)在永久性测量标志安全控制范围内从事危害测量标志安全和使用效能的活动的。

(4)在测量标志占地范围内，建设影响测量标志使用效能的建筑物的。

(5)擅自拆除永久性测量标志或者使永久性测量标志失去使用效能，或者拒绝支付迁建费用的。

(6)违反操作规程使用永久性测量标志，造成永久性测量标志损毁的。

(7)无证使用永久性测量标志并且拒绝县级以上人民政府管理测绘工作的部门监督和负责保管测量标志的单位和人员查询的。

(8)干扰或者阻挠测量标志建设单位依法使用土地或者在建筑物上建设永久性测量标志的。

练习与思考题

1. 《中华人民共和国测绘法》规定，批准全国的大地基准、高程基准、深度基准和重力基准的机构是(　　)。

   A. 国务院　　B. 国务院测绘地理信息主管部门

   C. 军队测绘部门　　D. 国务院发展计划主管部门

2. 根据《中华人民共和国测量标志保护条例》，下列工作中，不属于测量标志保管人员义务的是(　　)。

   A. 收取测量标志有偿使用费

   B. 制止、检举和控告移动、损毁、盗窃测量标志的行为

   C. 发现测量标志有被移动或损毁的情况时，及时向当地乡级人民政府报告

   D. 经常检查保管的材料标志

3. 根据《测绘法》，国家设立和采用全国统一的大地基准、高程基准、深度基准和重力基准，其数据由(　　)审核。

   A. 国务院

   B. 国务院测绘地理信息主管部门

   C. 国务院计量行政主管部门

   D. 省级以上测绘地理信息主管部门

4. 根据《建立相对独立的平面坐标系统管理办法》，下列内容中，不属于申请人应当履行的义务的是(　　)。

   A. 系统建设后实现与国家坐标系统建立联系

   B. 系统建设后保证其更新维护

   C. 系统建设后依法汇交成果副本

   D. 系统建设后按照国家规定及时将成果向用户提供使用

   E. 系统建设后确保测量标志不受损坏

5. 根据《测量标志保护条例》，建设永久性测量标志需要占用土地的，地面标志占用土地的范围为(　　)m^2。

   A. 16～36　　B. 16～46　　C. 36～100　　D. 36～160

6. 根据《测量标志保护条例》，国家对测量标志实行(　　)制度。

   A. 有偿保管　　B. 义务保管　　C. 津贴　　D. 无偿保管

7. 根据《中华人民共和国测绘法》，（　　）统一的卫星导航定位基准服务系统。

A. 由省级以上测绘地理信息主管部门、同级人民政府其他部门统一建立

B. 由国务院测绘地理信息主管部门、省级测绘地理信息主管部门统一建立

C. 由国务院测绘地理信息主管部门、国务院其他部门统一建立

D. 由具有测绘资质的单位建立

8. 某城市原有以 1980 西安坐标系为基础建立的城市独立坐标系，现欲改为以 2000 国家大地坐标系为基础的城市独立坐标系，以下说法中正确的是（　　）。

A. 不允许更改

B. 可直接修改参数进行转换

C. 该城市应向该市人民政府通报后修改参数进行转换

D. 该城市应向省级以上测绘地理信息主管部门申请

9. 以下测量标志中，不属于永久性测量标志的是（　　）。

A. 航空摄影的地面标志　　B. 卫星定位点的标石

C. 用于地形测图的固定标志　　D. 海底大地点

10. 国家对永久性测量标志实行（　　）制度。

A. 义务保管　　B. 分级保管　　C. 有偿保管　　D. 专人保管

项目十二　基础测绘

［概述］

本项目主要介绍了基础测绘的管理。通过本项目的学习，让学生认识到基础测绘是社会公益性事业，是我国测绘地理信息事业发展的重要组成部分。

［学习目标］

①掌握基础测绘的概念、性质和工作原则；②熟悉基础测绘的管理体制、规划；③熟悉基础测绘成果提供利用的条件和程序。

子项目 1　基础测绘概述

12.1.1　基础测绘的内容

基础测绘，是指建立全国统一的测绘基准和测绘系统，进行基础航空摄影，获取基础地理信息的遥感资料，测制和更新国家基本比例尺地图、影像图和数字化产品，建立、更新基础地理信息系统。

1. 建立全国统一的测绘基准和测绘系统

全国统一的测绘基准和测绘系统是各类测绘活动的基础，具有明显的公益性特征。目前我国的测绘基准和测绘系统在规模、精度和统一性方面都居于世界先进行列。但是，测绘基准和测绘系统需要不断地进行精化和维护，并且随着测绘地理信息技术的进步，还需要不断地进行更新和发展。

2. 进行基础航空摄影

基础航空摄影指利用航空飞行器获取基础地理信息数据的摄影。以测绘为目的的基础航空摄影指为满足测制和更新国家基本比例尺地图、建立和更新基础地理信息数据库的需要，在飞行器上安装航空摄影仪，按照相关要求，从空中对我国国土实施航空摄影，获取基础地理信息源数据。基础航空摄影资料详细记载了一定区域范围的地物、地貌特征以及地物之间的相互关系，具有信息量大、覆盖面广的特点。基础航空摄影为经济建设、国防建设和科学研究等方面提供了极为重要的基础地理信息数据。

3. 获取基础地理信息的遥感资料

遥感是指一切无接触的远距离的探测技术，即在空中和外层空间的各种航空和航天器上，使用各种传感器获取地球表面信息的技术。获取基础地理信息遥感资料的方式主要有两种：一种是接收我国自主研制卫星的遥感数据并进行处理，另外一种是订购其他国家的卫星遥感数据。卫星遥感资料是基础地理信息数据的重要数据源，主要用于快速更新、修测或编制国家基本比例尺地图以及更新、修测国家和区域基础地理信息数据库，或服务于资源、环境、灾害等的调查、监测、分析和预测、预报等方面。

4. **测制和更新国家基本比例尺地图、影像图和数字化产品**

国家基本比例尺地图指根据国家颁布的统一测量规范、图式和比例尺测绘或编绘而成的地形图，是国家经济建设、国防建设和社会发展的基础地图，具有使用频率高、内容表示详细、分类齐全、精度高等特点，是我国最具权威性的基础地图，其测制精度和成果数量质量是衡量一个国家测绘科学技术发展水平的重要标志之一。

国家基本比例尺地图主要包括 1∶500、1∶1 000、1∶2 000、1∶5 000、1∶1 万、1∶2.5 万、1∶5 万、1∶10 万、1∶25 万、1∶50 万、1∶100 万等 11 种。影像图是指对通过航天遥感、航空摄影等方法获取的数据或照片进行一系列几何变换和误差改正，附加一定的说明信息得到的具有地理坐标、精度指标和直观真实照片效果的地图。国家基本比例尺地图和影像图主要包括两类：一类是传统的纸介质模拟地图，另一类是以磁盘、光盘等为介质的数字化地图产品。

5. **建立、更新基础地理信息系统**

基础地理信息系统通过对基础地理信息数据的集成、存储、检索、操作和分析，生成并输出各种基础地理信息的计算机系统。基础地理信息系统为土地利用、资源管理、环境监测、交通运输、经济建设、城市规划以及政府各部门行政管理等服务，具有通用性强、重复使用率高的特点，是国家基础测绘工作的重要组成部分。

12.1.2　基础测绘的性质

1. **基础性**

基础地理信息是通过基础测绘获得的基础测绘成果，在技术上构成了各项后续测绘地理信息工作和地理信息应用的基础：统一的国家测绘基准和测绘系统是现代主权国家开展各项测绘地理信息工作的基础和前提；国家基本比例尺系列地图是其他各种专题地图的制图基础；国家和地方基础地理信息系统是其他专业地理信息系统的空间定位基础，基础测绘的最明显特征就是具有基础性。

2. **公益性**

基础测绘是向全社会各类用户提供统一、权威的空间定位基准和基础地理信息服务的工作，是国家在行使政治统治职能和社会管理职能时准确掌握国情国力、提高管理决策水平的重要手段。基础测绘不以营利为目的，是经济社会发展和国防建设的一项基础性工作，涉及国家秘密和国家安全，由公共财政支持。因此，《测绘法》及《基础测绘条例》都明确规定，基础测绘是公益性事业。

3. **通用性**

通用性是基础测绘的基础性和公益性在服务内容上的具体体现。基础测绘不是为了某种特定需要服务的，而是遵循服务普遍性原则，服务于社会各个阶层、各个领域和各类不同用户，是其他一切后续测绘地理信息工作的基础。

4. **权威性**

基础测绘成果的权威信息是政府宏观管理与规划决策的重要依据，同时也是基础测绘基础性、公益性和通用性在基础测绘成果上的具体体现。国家基本比例尺系列地图是维护国家版图完整的权威证明，也是权威地理信息数据的来源。

5. **持续性**

基础测绘成果必须具有现势性，而要保持现势性就需要基础测绘成果持续不断地更新。

这种不断更新的属性就是基础测绘的持续性。持续性是基础测绘区别于非基础测绘的一个重要特征。其他非基础测绘往往是一次性投入，项目完成后便不再需要进行测绘，而基础测绘必须持续不断地进行更新，以满足经济社会发展对基础地理信息资源的需求。

6. 统一性

基础测绘通过建立全国统一的测绘基准和测绘系统，生产国家统一规定的基本比例尺地图，保持国家统一规定的精度要求，体现出基础测绘的统一性特点。基础测绘的统一性，是实现基础地理信息共享利用的基本前提。

7. 保密性

基础测绘成果几乎涵盖了地表全部自然地理要素和人工设施，是现代军事国防基础资料，并且涉及国家秘密。地图事关国家版图完整和政治主张，因此基础测绘成果普遍具有保密性特征。

12.1.3 基础测绘的原则

《基础测绘条例》第四条规定，基础测绘工作应当遵循统筹规划、分级管理、定期更新、保障安全的原则。

1. 统筹规划

统筹规划是指从整体上做出规划，考虑全局，兼顾细节。国务院测绘地理信息主管部门负责全国基础测绘整体规划，该规划既要考虑全国大局，又要考虑各地方单位的实际情况，整体部署、统筹安排、科学规划。

2. 分级管理

分级管理是指分层管理基础测绘工作。国务院测绘地理信息主管部门负责全国基础测绘工作，县级以上地方人民政府测绘地理信息主管部门负责本行政区域的基础测绘工作。

3. 定期更新

由于基础测绘地理信息现势性强，具有动态变化的特点，所以要求基础测绘成果要定期更新。通过不断更新才能真实反映地理信息和人文要素的现势状态。基础测绘成果更新周期应根据不同地区经济发展需要、测绘技术水平和生产能力、基础地理信息变化情况等因素确定。

4. 保障安全

基础测绘活动获取的大量成果都涉及国家秘密，关系国家安全，因此需要采取有效措施保障基础测绘成果的安全，防止成果损坏、丢失和泄密。利用基础测绘成果应遵守法律法规有关规定，做好安全工作，加强成果保密的管理和技术研究。在确保基础测绘成果安全的前提下，促进基础地理信息资源的高效开发和利用。

子项目2 基础测绘规划

12.2.1 基础测绘规划的概念

基础测绘规划包括全国和地方基础测绘规划，是对全国及地方基础测绘在时间和空间上的战略部署和具体安排，关系国务院及地方人民政府对基础测绘在本级国民经济和社会发展年度计划及财政预算中的安排。

基础测绘规划的主要内容包括基础测绘的阶段性发展目标、主要任务、空间布局、主要项目、规划实施保障措施等，并且还应有布局示意图和规划项目表。全国基础测绘中长期规划还包括了简明、准确的发展方针和发展目标等。

1. 全国基础测绘规划

全国基础测绘规划是由国务院测绘地理信息主管部门会同国务院其他有关部门、军队测绘部门负责组织编制的，对全国基础测绘在时间和空间上的战略部署和具体安排。

2. 地方基础测绘规划

地方基础测绘规划是由县级以上地方人民政府测绘地理信息主管部门会同本级人民政府其他有关部门负责组织编制的，根据全国基础测绘规划和上一级的基础测绘规划以及本行政区域内的实际情况，拟订地方性、区域性的基础测绘发展的阶段性目标。

12.2.2　基础测绘规划编制和报批

国务院测绘地理信息主管部门会同国务院其他有关部门、军队测绘部门组织编制全国基础测绘规划，报国务院批准后组织实施。县级以上地方人民政府测绘地理信息主管部门会同本级人民政府其他有关部门，根据国家和上一级人民政府的基础测绘规划及本行政区域的实际情况，组织编制本行政区域的基础测绘规划，报本级人民政府批准，并报上一级测绘地理信息主管部门备案后组织实施。

基础测绘规划报批前要组织专家论证，并征求有关部门和单位的意见；地方基础测绘规划涉及军事禁区、军事管理区或者作战工程的，要征求军事机关的意见。基础测绘规划报送审批文件中应当附具意见采纳情况及理由。

12.2.3　基础测绘规划公布和修改

组织编制机关应当依法公布经批准的基础测绘规划。公布基础测绘规划的主体是组织编制机关，即县级以上测绘地理信息主管部门，包括自然资源部，各省、自治区、直辖市测绘地理信息主管部门和地级、县级测绘地理信息主管部门。

经批准的基础测绘规划是开展基础测绘工作的依据，未经法定程序不得修改；确需修改的，应当按照《基础测绘条例》规定的原审批程序报送审批。

12.2.4　基础测绘应急保障预案

县级以上人民政府测绘地理信息主管部门应当根据应对自然灾害等突发事件的需要，制定相应的基础测绘应急保障预案。

基础测绘应急保障预案的内容应当包括应急保障组织体系、应急装备和器材配备、应急响应、基础地理信息数据的应急测制和更新等应急保障措施。

子项目3　基础测绘分级管理

《测绘法》第十五条规定，基础测绘是公益性事业，国家对基础测绘实行分级管理。基础测绘分级管理主要由基础测绘分级管理体制、分级投入体制和分级组织实施等内容组成。这里主要介绍基础测绘分级管理体制。

基础测绘分级管理体制指对各级人民政府及政府有关部门关于基础测绘工作的具体职能配置和职责分工，与测绘行政管理体制相一致。

12.3.1 基础测绘工作的管理职责

1. 各级人民政府的职责

(1)加强对基础测绘工作的领导。

(2)将基础测绘纳入本级国民经济和社会发展规划及年度计划，所需经费列入本级财政预算。

(3)遵循科学规划、合理布局、有效利用、兼顾当前与长远需要的原则，加强基础测绘设施建设，避免重复投资。

2. 国务院测绘地理信息主管部门的职责

(1)负责全国基础测绘工作的统一监督管理。

(2)会同国务院其他有关部门、军队测绘部门，组织编制全国基础测绘规划，报国务院批准后组织实施。

(3)会同国务院发展改革部门编制全国基础测绘年度计划。

(4)根据应对自然灾害等突发事件的需要，制定相应的基础测绘应急保障预案。

(5)组织实施全国性基础测绘项目。

(6)会同军队测绘部门和国务院其他有关部门制定基础测绘成果更新周期确定的具体办法。

(7)采取措施，加强对基础地理信息测制、加工、处理、提供的监督管理，确保基础测绘成果质量。

(8)负责基础测绘成果资料提供使用的审批。

3. 省级测绘地理信息主管部门的职责

(1)负责本行政区内基础测绘工作的统一监督管理。

(2)会同本级人民政府其他有关部门，根据全国基础测绘规划和本行政区域的实际情况，组织编制本行政区域的基础测绘规划，报本级人民政府批准后组织实施。

(3)会同同级政府发展改革部门，编制本行政区的基础测绘年度计划，并分别报上一级主管部门备案。

(4)组织实施省级基础测绘项目。

(5)根据应对自然灾害等突发事件的需要，制定相应的省级基础测绘应急保障预案。

(6)采取措施，加强对基础地理信息测制、加工、处理、提供的监督管理，确保基础测绘成果质量。

(7)负责省级基础测绘成果资料提供使用的审批。

4. 县级以上测绘地理信息主管部门的职责

(1)负责本行政区内基础测绘工作的统一监督管理。

(2)会同本级人民政府其他有关部门，根据全国和省级基础测绘规划以及本行政区域的实际情况，组织编制本行政区域的基础测绘规划，报本级人民政府批准后组织实施。

(3)会同同级政府发展改革部门，编制本行政区的基础测绘年度计划，并分别报上一级主管部门备案。

(4)按照分级管理权限组织实施基础测绘项目。

(5)采取措施,加强对基础地理信息测制、加工、处理、提供的监督管理,确保基础测绘成果质量。

(6)负责本级基础测绘成果资料提供使用的审批。

5. 军队测绘部门的职责

(1)负责管理军事部门的测绘工作,并按照国务院、中央军事委员会规定的职责分工负责管理海洋基础测绘工作。

(2)负责编制军事测绘规划,按照国务院、中央军事委员会规定的职责分工负责编制海洋基础测绘规划,并组织实施。

(3)负责军事测绘单位的测绘资质审查。

12.3.2　基础测绘项目的组织实施

1. 由国务院测绘地理信息主管部门组织实施的基础测绘项目

(1)建立全国统一的测绘基准和测绘系统。

(2)建立和更新国家基础地理信息系统。

(3)组织实施国家基础航空摄影。

(4)获取国家基础地理信息遥感资料。

(5)测制和更新全国 1∶100 万至 1∶2.5 万国家基本比例尺地图、影像图和数字化产品。

(6)国家急需的其他基础测绘项目。

2. 省级测绘地理信息主管部门组织实施的基础测绘项目

(1)建立本行政区域内与国家测绘系统相统一的大地控制网和高程控制网。

(2)建立和更新地方基础地理信息系统。

(3)组织实施地方基础航空摄影。

(4)获取地方基础地理信息遥感资料。

(5)测制和更新本行政区域 1∶1 万至 1∶5 000 国家基本比例尺地图、影像图和数字化产品。

3. 县级以上测绘地理信息主管部门组织实施的基础测绘项目

(1)在国家统一的平面控制网、高程控制网和空间定位网的基础上,布设满足当地城市建设和发展需要的平面控制网和高程控制网。

(2)组织实施 1∶2 000 至 1∶500 比例尺地图、影像图和数字化产品的测制和更新。

(3)地方性法规、地方政府规章确定由其组织实施的其他基础测绘项目。

12.3.3　基础测绘项目承担单位的要求

(1)基础测绘项目承担单位的测绘资质等级应当与承担的基础测绘项目的要求一致,不得超越资质等级许可的范围从事基础测绘活动。

(2)基础测绘项目承担单位应当具备健全的保密制度和完善的保密设施,严格执行有关保守国家秘密法律、法规的规定。

(3)应当建立健全基础测绘成果质量管理制度,严格执行国家规定的测绘技术规范和标准,对其完成的成果质量负责。

12.3.4 基础测绘设施建设的要求

基础测绘设施,指为实现基础地理信息资源共享,用于基础地理信息的获取、处理、存储、传输、分发和提供的设备、软件及其他有关设施。

1. 基础测绘设施建设应遵循的原则

(1)科学规划。

(2)合理布局。

(3)有效利用。

(4)兼顾当前与长远需要。

2. 基础测绘设施建设的优先原则

(1)航空摄影测量、卫星遥感基础测绘设施建设优先。

(2)数据传输基础测绘设施建设优先。

(3)基础测绘应急保障基础测绘设施建设优先。

子项目4 基础测绘成果的更新与利用

12.4.1 基础测绘成果更新周期

国家实行基础测绘成果定期更新制度。基础测绘成果更新周期应当根据不同地区国民经济和社会发展的需要、测绘科学技术水平和测绘生产能力、基础地理信息变化情况等因素确定。其中,1∶100万至1∶5 000国家基本比例尺地图、影像图和数字化产品至少5年更新一次;自然灾害多发地区以及国民经济、国防建设和社会发展急需的基础测绘成果应当及时更新。

12.4.2 基础测绘成果更新的职责

国务院测绘地理信息主管部门会同军队测绘部门和国务院其他有关部门制定基础测绘成果更新周期确定的具体办法。

12.4.3 基础测绘成果的使用

基础测绘成果是由公共财政支付的用于公共服务的产品。作为国家意志的实际执行者的国家机关在决策时,有权无偿使用国家所有的测绘成果。

练习与思考题

一、单项选择题

1. 基础测绘成果包括全国性基础测绘成果和(　　)基础测绘成果。

A. 区域性　　B. 国际性　　C. 地区性　　D. 行业性

2. 1∶100万至1∶5 000国家基本比例尺地图、影像图和数字化产品最长更新周期为(　　);自然灾害多发地区以及国民经济、国防建设和社会发展急需的基础测绘成果应当及时更新。

A. 每年1次　　B. 每2年1次　　C. 每3年1次　　D. 至少5年1次

3. (　　)指建立全国统一的测绘基准和测绘系统，进行基础航空摄影，获取基础地理信息的遥感资料，测制和更新国家基本比例尺地图、影像图和数字化产品，建立、更新基础地理信息系统。

A. 国家测绘　　B. 数字测绘

C. 基础测绘　　D. 大比例尺地形图测绘

二、问答题

1. 基础测绘的内容包括哪些？
2. 基础测绘的工作原则包括哪些？